U0511906

直面
心理治疗
系列

王学富——

著

受伤
的
人

全 国 百 佳 图 书 出 版 单 位
时代出版传媒股份有限公司
安徽人民出版社

图书在版编目（CIP）数据

受伤的人 / 王学富著 . -- 合肥 : 安徽人民出版社 ,2022.5
ISBN 978-7-212-11448-0

Ⅰ . ①受… Ⅱ . ①王… Ⅲ . ①心理辅导 Ⅳ . ① B849.1

中国版本图书馆 CIP 数据核字 (2022) 第 050314 号

受伤的人

Shoushang De Ren

王学富　著

出 版 人：杨迎会	责任编辑：程　璇　郑世彦
责任印制：董　亮	装帧设计：陈　爽

出版发行：安徽人民出版社 http://www.ahpeople.com

地　　址：合肥市政务文化新区翡翠路 1118 号出版传媒广场八楼

邮　　编：230071

电　　话：0551-63533258　　0551-63533259（传真）

印　　刷：合肥创新印务有限公司

开本：880mm×1240mm　1/32　　印张：7.5　　字数：140 千
版次：2022 年 5 月第 1 版　　2022 年 5 月第 1 次印刷

ISBN 978-7-212-11448-0　　　定价：49.80 元

推 荐 序
"感通" 直面

　　其实，我与王学富认识不久。在上海，我们见过几次面，后来我到南京参观过他的直面心理咨询研究所，感受到他的专业品质与踏实做事的精神。春节期间，我到学富在南京的家里跟他聚谈。在他家门前有一个湖，早晨起床，我们绕湖散步，边走边谈，走了一圈，还不尽兴，再走一圈，如是而三。

　　学富把他的书稿——就是你现在读到的《受伤的人》《成长的路》《医治的心》——寄给我，让我写一个序。他之所以找我写序，不是因为我是复旦大学教授，也不是因为我在心理学界有多高声誉，而是他觉得我颇能与他"感通"。

目前，学富正在跟国内外心理学界的同人一起筹备首届存在主义心理学国际大会。前不久，他给我寄了一些南京直面心理咨询研究所编印的《直面报告》，其中有一些介绍存在主义心理学的文章。我读了之后，在电话里对他说："存在"这个词是西方的，中国人不容易理解，但中国人可以通过"直面"来理解"存在"。我这话一说，学富大为惊叹。

学富十几年前到厦门大学教书，后来到国外学习心理学，十余年潜心于心理咨询实践，不显山，不露水。跟他接触多了，我便知道，他是国内真正懂心理咨询的人，因为他是真正做心理咨询的人，思想层面高，专业经验丰富。我对他说：在中国，人才并不只在高校，民间也大有才俊。学富听了这话，感而叹之：我是一棵树，在原野上才能更充分长大。

我与学富的谈话多集中在心理咨询方面。有一次，学富提到他有时用"何毕"这个笔名写文章，我立刻感到这个笔名中的意味，这应该出自他长期从事心理咨询而对生命发出的一种感慨：生命成长中有许多伤害，有许多人受了伤，会长期待在伤害里，在理性、情感、行为上都受到遮蔽，以至于陷入自迷的状态。学富一声"何必"，其中真是充满了同理。学富听了，十分惊叹，觉得我对他颇能"感通"。而说到"感通"，学富又提到，这正是他与朋友在上海合作成立的一个文化传播公司的名字，其中又融汇了来自心理咨询经验的感慨。我说：心理咨询的效果在于咨询师与当事人之间的感通。学富惊叹，说我和他之间又发生了感通。同时，我又提及"感通"与荣格的关系。学富更加惊叹，荣格心理学里有一个词叫 synchronicity，在他看来，译成中文应该就是"感通"。

我读学富写的这几本书，内心有了更多跟他相互感通之处。《受伤的人》一书中提出了一个新的词汇，就叫"受伤的人"。这个词汇有丰富的内涵，拓展了我们对心理咨询的理解：心理症状的根源是伤害，而心理咨询的本质是对伤害的医治。谈到这些，我跟学富有许多共同的感慨，特别是家庭关系模式与生命成长的重大关系。例如，健康的母子关系为孩子的成长提供了最好的资源，而不健康的母子关系，却给孩子成长带来最深的损害。谈到有些母亲出于无意识的"母爱"，长期控制孩子，过度保护孩子，学富说了一个词叫"共生体"，我深以为然。

再说《成长的路》，其中有许多篇章是谈生命如何在伤害中经历成长。学富在他多年心理咨询实践里发展出一个基本的信念：虽然曾经受伤，依然可以成长。在我们的谈话中，学富谈到他从事心理咨询十余年的两大感慨，其一，生命成长何等不易！一个人在成长过程中要受到许多因素的阻碍、伤害，最可悲的是，最深的伤害和阻碍往往来自最亲的人。其二，成长的渴望何等强烈！虽然一个人在世界上会受到这样、那样的阻碍和伤害，但他内心里有一个强烈的成长渴望，只要有一点机会，有一缕光亮，有一个缝隙，这个渴望就会冒出来，要求当事人坚持成长，长成自己。因此，《成长的路》中充分描述的一个基本情况是：心理障碍是一个人生命受损、成长停滞的状态，而心理咨询全部的工作就是医治生命，助人成长，让一个人有空间、有机会改变，获得更充分的成长，不是追求完美，而是活得完整。"不是完美，而是完整。"——这句话就贴在直面心理咨询中心的墙壁上，我去直面参观时，跟学富在这句话前面伫立良久，内心有感通，却未说出来。

《医治的心》中有许多篇章是谈心理咨询师的成长。在心理咨询领域，人们常引用一句古语：工欲善其事，必先利其器。心理咨询师便是这"工"，心理咨询便是他的"事"，要做好心理咨询，就必须有利"器"，就是有好用的工具。心理咨询师的工具是什么呢？就是他自己的生命本身。心理咨询师的生命成长，便是一个"利其器"的过程。在这本书里，学富提到一个词语——医治者。这个词汇可能来自路云（Henry Nouwen）的《受伤的医治者》，其内涵也是一样的。一个心理咨询师要成为一个真正的医治者，不仅需要专业的训练，还需要有真正的生命品质，而这生命品质中最根本的部分，就是一颗医治的心。而且，本书谈的是在中国文化背景下，成长为一个"医治者"，需要真正了解我们的文化，既看到其中损害的因素，又发现其中医治的资源。非常重要的是，涉及医治，它不只是针对个体的，我们的民族经历了许多灾难，内部积留了许多创伤，这也需要得到医治，而且必须长期而深度地医治。不然的话，那些内部的伤害会成为一个民族不自觉的暗中阻碍，会导致更多的灾难。在这一点上，我跟学富之间有更多的感通。

最后，从这些书里，我充分看到，王学富是从经验里造就出来的，他本身具有医治者的素质，又善于自我分析、自我体验，从而获得了自我觉察。同时，学富有很强的使命感，他善于对心理咨询的经验进行反思与总结，从中提炼出精华的东西，并且有意识地去探索中国本土的心理学资源，发展他所说的"直面分析方法"。在我看来，他的"直面"颇有"存在"的意味，却不等同于西方的"存在"，他的"分析"与荣格有所感通，但也不同于荣格的"分析"。"直面分析"是中国的，其中有鲁迅的思想，有中国文化的智慧，有中国精神的品质，更是在心理咨询室里长期跟中国的求助者进行深入密切的接触经验里建立起来的。有了《受伤的人》《成长的路》《医治的心》，"直面分析"就有了一个丰富的经验基础。我欣喜地看到，心理咨询在中国发展了二三十年之后，我们有了这些具有专业品质的书，它们体现了我们的观念，更反映了我们自己的经验。我们可以跟世界进行平等的交流，讲述我们的中国经验。

我愿意负责任地推荐这几本书：它们可以成为大学心理学专业本科生、研究生必读的书，可以成为心理咨询师要读的书，可以成为中国社会中许多父母要读的书，可以成为每一个寻求自我成长的人要读的书。

学富对我说，他目前正在撰写另一本书，用以全面展示"直面分析心理学"的观念与方法，我也在期待着。

孙时进

教授

复旦大学心理研究中心主任

前　言
直面的经验

　　我的三本书《受伤的人》《成长的路》《医治的心》马上就要出版了。它们反映的皆是直面的经验，而我要写的自序，也不过是"经验"之谈。二十年来，我潜心于心理咨询实践，得到的便是这些经验。一直记得荣格说的一段话："尽你所能去学习你的理论，但当你接触到人活的灵魂的奇迹时，就要把它放下。除了你自己有创造性的个人经验，没有任何理论可以决定一切。"

　　我相信，心理咨询师是从经验里走出来的，他的专业品质是在经验里磨砺出来的。也正是因为有了这些经验，我越来越理解我的求助者，越来越理解我自己，越来越理解那些在心理学中真正有所创导的心理学家们。

我知道我们在做什么，以及我们所做的意味着什么。

人们常常讲到咨询师与当事人的关系，我的感受是：我是被一个个来访者喂养长大的咨询师，又转而去喂养一个个来访者，让他们长大。就在这个过程中，我正在成为自己，同时帮助来访者成为自己。

每个人都在努力成为自己。心理症状反映的实质是人受到伤害和阻碍，以至于不能成为自己，便在成长的路上停了下来，在那里挣扎着。而心理咨询便是咨询师愿意投身于来访者的生命，跟他们一起战斗，帮助他们重新踏上成为自己的路——虽然受伤，依然前行。

我以两个"投身"鼓励自己：投身于服务他人，投身于捍卫自己。而这两个"投身"，也贯彻在我的心理咨询实践之中，我所做的一切，可以说是在帮助我的来访者实现这两个"投身"。在我个人成长的经验里，那些影响着我心灵的伟人，就是通过投身于他人，从而更加充分地实现了自己。

曾经看过一个电影，叫《西线无战事》。看的时候，我的头脑里出现一个意象：我是一个战士，是从心理咨询的前线来的，是从十年枪林弹雨的经验里爬出来的。人们称我为"专家"，我自以为是一个"老兵"。这些年来，我做心理咨询，讲心理咨询，写心理咨询，其最深的激励就是看到许多人经历了医治和成长。

心理咨询来自西方，源于对生命个体的关注，后来发展成为系统的专业。现在，心理咨询在中国已经很普通了。这些年来，我们尝试了解西方心理学，译介、吸收他们的专业资源，并且开始在自己的文化环境从事心理咨询，并把自己的文化资源带入到我们的实践中，渐渐地，我们有了自己的经验。你读到的这几本书，便出自我心理咨询的实践，是我对直面心理学实践经验的总结与反思，每月一篇，持续写了八年。

在这些书里，你能读到这些：它们反映的是中国人的心灵经验及其文化根源；我们在消化西方心理学的同时，坚持探索自己的心理学；我们懂得自己的文化，理解中国人的心理，了解他们心理困难的根源，并且在探索和发现我们文化本身的救治资源方略。这些书中的经验，也是对中国人心灵存在状态的一种直面分析，它们正在形成我们的"直面分析方法"，从本质上来说，是中国式存在主义心理治疗。当我们有了自己的经验，我们就可以用这些经验去跟世界对话了。

最后，这些书之所以能够出版，要感谢的人很多：我首先要感谢我的来访者们，他们愿意把自己生命中最真实而宝贵的经验跟我分享，允许我用文字的形式把它们变成对其他人成长有益的心灵资源。感谢二十年来跟我一起在专业实践上不断探索的直面心理研究所的同事们。感谢我所尊敬的郑红大姐和孙立哲兄长的鼓励与支持，感谢出版社编辑的辛劳，感谢孙时进教授写的推荐序。

王学富

南京直面心理咨询研究所所长

目 录
CONTENTS

生命幽暗处

每个人内心都可能有一扇破碎的窗，但我们不见得永远要坐在窗前流泪和追问。

那些受伤的人

在三岁那年的一个夜晚，她亲眼看见母亲上吊自杀。从幼年到成年，她内心里一直有一个寻找母亲的小孩，而母亲永远不会回来，她在人群中寻找一个又一个母亲的替代者，内心里那种被抛弃的感觉变得越来越强烈……

在十来年的心理咨询工作中，几乎每天都会接待前来寻求帮助的人。他们来自城市或者乡村，各行各业；他们年龄不同，性别不同，社会地位不同，所受教育不同，生命经验不同……作为心理咨询师，怎样看待他们？传统心理治疗称他们为"病人"，英语叫"patient"，现代心理咨询称他们为"来访者"，英语叫"client"。"病人"是一个医学的概念，而"咨客"又显出一种商业意味（"client"一词的直译应是"咨客"，即寻求心理咨询专业服务的顾客）。当然，这些词早已约定俗成。但在我内心里，却有个比较情感的概念：受伤的人。

是的，在我的眼中，前来寻求心理帮助的人，往往是受伤的人，他们在情感上受了伤，在关系里受了伤。他们向我讲述自己的困难和困扰，包括发生了怎样的事件，事件对他们造成了怎样的影响，他们在怎样理解事件、自己、他人、环境，他们做出了怎样的情绪和行为的反应。但在所有这一切的背后，我看到的是伤害。然而，朝深处走，我听到"伤害"在他们内部说话，用细微而强大的声音对他们说话，暗暗影响甚至控制他们的思考、情绪、行为。对此，他们自己并不觉察。当他们进入人际关系、遭遇生活事件的时候，他们会用受伤的经验去感受、解释、做出反应，而这样做又会给他们导致新一轮的伤害。于是，他们渐渐活在受伤的体验里。

许多时候，在我眼前，分明是一个个成人，但他们的心理光景却像个小孩子。他们在人生中途停了下来，蹲在那里，长时间看自己的伤，坐在地上哇哇大哭，而妈妈一直没有回来，他们的内心简直无处安放。是的，在他们的内心，都有一个受伤的小孩，他害怕、躲避、哭闹，要求补偿一切，要求拥有一切，要求完美无缺……这就是受伤的人，他们躲在受伤的经验里，用受伤的经验排斥生活中新的经验，他们成长的进程就此停止下来。

面对这样的求助者，我往往不驻足于他们外在的"病"，总去探看他们深处的"伤"——去看那伤是怎样形成的，去听那伤在怎样对他们说话，而我看到和听到的情形总让我震惊。哪怕是司空见惯，内心依然震惊。这些年来，在南京直面心理咨询研究所，我们坚持印发一份《直面报告》，它所反映的直面经验，简直是一个心理伤情报告。我们印发它的目的就是让更多的人了解这些受伤的人，了解他们的伤，了解伤害背后的根源，了解这些伤害对生命个体造成的影响，让人们去进行更多的反思，获得更多的觉察，并且在养育孩子的过程中，能够具有"预防的意识"，引起"疗救的注意"，从而真正关心生命，让孩子少受伤害。

在直面的经验里，常常接触这样一些受伤的人。

其中，有一个女性求助者，在三岁那年的一个夜晚，她目睹了母亲上吊自杀。自此，她的头脑里常常出现母亲的身体在墙上晃动的影子。这是一个原初的创伤。在此后的成长过程中，她出现各样的情绪化反应，导致跟家人的关系变得麻烦，跟同学的关系总有问题，她一次次退学，经常到母亲的坟上去哭，她诅咒母亲，怨恨母亲抛弃了她，而这种情绪进而泛化或蔓延，变成对周围人的怨恨，她感到整个世界都遗弃了她，都在伤害她。当她在生活中遭遇负面事件的时候，她用创伤来解释一切："都是因为我妈妈不在了……"

从幼年到成年，她内心一直有一个寻找母亲的小孩，而母亲永远不会回来，她在人群中寻找一个又一个母亲的替代者，这给她造成了更多来自人际关系的损害，于是，她内心的那种被抛弃感变得越来越强烈，而生活中的支持因素或资源也越来越少。

有个已经成年的人，其实一直都没有长大。父母从农村来，在城市里一个喧杂的大市场卖小商品，当事人自幼跟父母来到这个陌生的环境。因为担心他在外面会被人欺负，父母对他过度保护，渐渐在他内心里培植出对这个世界各样的恐惧：他害怕走进教室，害怕雷声，害怕在上学和放学的路上碰到同学。他总是一个人贴着墙边走，看到前面有同学，他就停下来，等同学走开，才继续走路……最后他终于退学，跟父亲做一点小生意，虽然长大成人，却一步不离地跟在父亲的背后。

这样的例子并非鲜见。

有个女性，在8岁时被父亲打掉门牙，这种经验在日后泛化为对男性上司的恐惧，甚至在结婚之后，她开始害怕自己的丈夫。还有一个多次被父亲强行送进精神病院的女青年，"病"的根源是她14岁时遭遇的一场性侵害。她内心里充满了恐惧、愤怒、怨恨，却一直没有宣泄或疏导的出口，就在内心里变成了"病"……

然而，他们不是病了，而是受伤了。在家庭中受了伤，在教育中受了伤，在文化中受了伤，甚至有这样的可能，在心理咨询和治疗中受了伤。就这样，他们成了"受伤的人"。

在直面的经验里，我看到许多不会暴露于光天化日之下的伤害，而伤害的背后有家庭（包括父母双方的原生家庭）、社会、文化的根由。用西方家庭系统治疗的祖谱图去追根溯源，清晰地显示这样的情形：伤害原来可以承传，一代又一代，而且这种家庭系统内的承传，往往是不知不觉的。如果朝更深、更广处追溯，我们会发现一种东西可以称之为"文化基因"。人类发现了生物基因，却不太了解文化基因在怎样深刻地影响人类的行为与动机。我相信，有一项研究对整个人类都有意义，即生物基因与文化基因的综合研究。关于这一点，我曾经在跟孙立哲先生的谈话中非常激动地讨论过。

但在许多时候，我们信以为"遗传"的东西，其实是一种学习，是人在成长过程中，从环境、从与他人的关系中习得的，而且总是无意识地习得。例如，在直面的经验里，父母给孩子造成最深伤害的东西，会在一些年之后被本是受害者的孩子习得和沿用，用以伤害自己和周围的人。这便是一种学习、一种习得、一种文化传承。如果没有来自外界的干预，就会在不被意识到的情况下，将这种文化在家庭系统里继续传承下去。

我最常讲的一个故事叫"智者救了动物王国"，讲的是一颗芒果从树上落下来的声音把一只小兔子从梦中吓醒，它以为是世界末日来了，于是把谣言传播给动物王国的所有动物，引起了整个动物王国里动物的狂奔。讲到这个故事时，我总会问："你有没有自己的芒果？""为什么一颗芒果落地，会使兔子以为世界末日来了，以至于这种恐惧传染了整个动物王国，使所有的动物都惊慌失措、狂奔不已？"可以很形象地说：我们在面谈室里，每天接待的人，便是从生活中狂奔而来，他们讲述的各样恐惧，本质地说，就仿佛是"世界末日来了"的恐惧。而这种恐惧往往来自他们过去受伤的经验，如同"一朝被蛇咬，十年怕井绳"——由"被蛇咬"的"伤"（现实经验），发展成对"井绳"的"怕"（症状恐惧）。

让我们不惮过于简化的危险，来了解一下"伤"与"怕"

之间的心理机制是怎样运作的。

情形之一：当事人遭受过深的伤害，内心产生了过度的恐惧，这种恐惧导致他们在生活中遇人或事，一有风吹草动，就会不自觉地做出过分逃避的反应。这是恐惧与逃避机制。

情形之二：当一个人遭遇严重的剥夺，进而会在他的内心造成极深的空缺，这个人就带着这个内在的空缺，在生活中四处寻求补偿。因为时过境迁，他只能找到一些替代品，那空缺永不餍足。这是剥夺与补偿机制。

情形之三：当一个人在成长过程中遭到过多的压制，一直没有经历过合理的抵抗，会有许多负面的情绪被潜抑到内心，在那里累积成一种反叛的能量。这能量是非理性的，一旦受到现实某种因素的刺激，便会爆发出来，不可遏止。这是压制与反叛机制。

情形之四：一个人长期受冷落、被忽略，内心的关爱需求一直得不到满足，这会变成一种强大的动机力量，使他在日后生活里到处寻找安慰，求得关爱，甚至发展出严重的自恋。这是忽略与自恋机制。

当一个人遭受到过多的贬损和遗弃，会损害他的价值感，导致他长期生活在自责和自卑里，"伤害"似乎在对他说：我不好，我没有用，我不可爱，我长得不好，我不值得……当一个人遭到过多的强求，可能导致他在日后变本加厉地强迫自己，要求自己完美，以致把自己的生活变成西西弗斯式的劳碌；当一个人不断受到指责和攻击，他会产生过度防御，会戴着面具生活，不敢真实地表现自己；当一个人受到过度保护，他的经验范围太狭隘，如同一间小小的囚室，这会使他在日后不敢拓展经验领域，活在画地为牢的状态里……

所有的这一切，都源自最初受伤的经验，它们就在受伤者的内心说话。遭受威胁的"伤害"会说：这里不安全，我得逃到另一个地方去。遭受剥夺的"伤害"说：我要，我必须拥有一切。遭受强求的"伤害"说：我必须完美，才是有用的人。遭受贬损的"伤害"说：我根本不行，我没有价值。遭受攻击的"伤害"说：人很可怕，我要防备他们。遭受忽略的"伤害"说：爱我，永远爱我，所有的人都要爱我……就是这样，我们接待受伤的人，看到他们内心的伤害，听到"伤害"在对他们说话。

经验往往走在科学的前面，在人类遭受许多伤害之后，现代科学研究开始显示：早年教育对人的性格、情绪，包括智商的发展会造成重大影响，而伤害会导致这些方面的发展受到阻碍和局限，乃至造成心理与人格的异常。当然，在早年受伤经验和日后病理反应之间，并不是一个简单、清晰和直线的关系，而是一个相当复杂的互动与转化过程，除了受伤的经验之外，还有许多经验和因素都会参与一个人成长的进程，起着不同的作用。

"每个人都有心理伤痕"，但伤痕深浅不一，情况因人而异。有些人遭受伤害，但伤害会被生活中某些积极的经验中和了，后来形成自然的愈合；有些人受伤太深，且连续受伤，旧创未愈，新伤又添，以至于一步一步变成了"受伤的人"。"受伤的人"需要得到医治，这医治的过程包括：他意识到自己的伤，了解"伤害"在怎样对他说话，他愿意从伤害的经验里走出来，并且向生活中新的经验敞开，去听"新的经验"对他说话，并对生活做出新的反应。这时，"受伤的人"变成了"成长的人"，因为他走上了一条成长的路。

那间生命的小屋

"我 15 岁的生命只是一间虚渺的屋子""我要早早
飘出这间无奈的屋子,早早离开这几多伤痕、几多毒素的
世界"——这里"虚渺的屋子"和"无奈的屋子",透露
出当事人对生命的虚空之感,虽然这种虚空之感显得幼稚,
但他并不知道。这是一个自杀的警讯,也是一个求救的信号。

这是一个 15 岁的少年,因为心理困难退学了,父亲
带他来接受心理辅导。晤谈之后,我给他布置了一个作
业:"如果生命是一间屋子,检测一下你的屋子里装了
些什么?"

一个星期后再次晤谈,他交了一篇这样的作业:

生命是一间屋子,但谁能告诉我,15 岁的生命之屋里

装了些什么？

我观看自己 15 岁的屋子，那里面充满了暴风骤雨，生长并繁衍了诸多的恐惧。

在我 15 岁的屋子里，永远不会存在所谓的骨肉亲情，有的只是君主与被统治者的争斗；不顾一切地忌妒，像利刃一般的折磨，我不知其因。

为什么人间如此残暴不仁？我 15 岁的这间屋子为何到处都是恐怖的身影？

我 15 岁的生命只是一间虚渺的屋子，而真正的灵魂却躲藏在那温馨无比的花香之中，一天又一天，仿佛快乐得与五彩蝶不相上下，在天地间亮翅，最为潇洒。

我不敢想象，世界竟是如此黑暗，如此悲惨。我要早早飘出这间无奈的屋子，早早离开这几多伤痕、几多毒素的世界！

不，这绝对不可以！我必须享受这一切，享受折磨与被折磨的快感。

其实，我也不愿这样醉生梦死，但还有什么别的路吗？

显然，这位少年是在用象征性语言表达他生命的内在光景，而这象征的表达里意味丰富，很值得去探索和分析。

15 岁的屋子里"生长并繁衍了诸多的恐惧"——这诸多的恐惧是什么？它们是怎样"生长并繁衍"的？它们在

怎样影响着当事人？

当事人五六岁的时候，他的父母从乡下到城市来做生意，在一个大市场旁边租屋而居。在这个陌生的环境里，他没有玩伴，只是被父母关在家里读书。到了学校，他说话会带乡下的口音，跟同学的习惯不一样，与同学交往也存在困难。在父母眼中，这个孩子太老实、太懦弱，其他孩子看到他就总会欺负他。因此，孩子每天去上学的时候，父母总会嘱咐一番："不要跟坏孩子一起玩，别人欺负你，你就躲远点。"放学回来，父母常常会问："在学校里有没有同学打你？""有没有同学敲诈勒索你？"

他的父母不知道，这些问话都会在无意之间向孩子传递一个信息：他是弱小的，别人是不好的，世界是不安全的。这会导致孩子对人、对环境产生莫名的恐惧。因此，当事人在跟同学交往中总是采取回避、退缩、隐忍的方式，在上学和放学的路上，他总是顺着墙根走，低着头，用余光看人，遇到前面有同学站在那里讲话，他就停下来，远远等着，等他们走开了，他才走过去。这一切算不算是他所说的"诸多的恐惧"呢？而这些恐惧不是在父母的无心浇灌下开始"生长和繁衍"的吗？他的父母，因为觉得孩子在外面受委屈、受歧视、受欺负，就对他溺爱有加，保护过度，以此作为对孩子的补偿，这样反而使孩子不敢前去面对外面的世界，总想退回自己的"小屋"。

这间屋子"充满了暴风骤雨""永远不会存在所谓的骨肉亲情"——在面谈过程中，有一个症状性的恐惧浮现出来，即当事人对雷声存在极端的敏感和惧怕。我进而发现，"惧怕雷声"本是一个象征，是当事人生命小屋里"诸多的恐惧"的转移或替代。"雷声"反映当事人内心有很深的内疚与恐惧，背后的形成因素如母亲的责骂（"没有良心会遭雷劈"），父亲的惩罚（他犯错误的时候），父母之间不断升级的争吵（这个家本身就是一个"雷电交加"的环境）。

"惧怕雷声"还曲折地反映了当事人的渴望（"不要把我一个人丢在家里，我怕……"），而其背后也有一些维持条件：（1）只要环境里和他内心里那些"诸多的恐惧"持续存在，"雷声恐惧"就会时而浮现出来；（2）因为害怕雷声，父母会给予特别的关注和关怀，可以满足他潜意识中想得到关怀与保护的需求；（3）他的生活中有一些他自己无法解释的恐惧，"惧怕雷声"是对这些恐惧的集中解释或体现；（4）"惧怕雷声"也反映了当事人的自我理解，而这些理解有的是来自他的父母（"父母认为我体壮如牛但胆小如鼠""母亲认为我害怕雷声"）。

在咨询过程中，我试图从当事人的成长经验里找到一些来自父母的积极评价，却很稀少，问到父母对他有什么积极评价时，当事人想了许久，最后回答说："母亲认为我害怕雷声。"问及消极的评价，却实在很多，母亲动不动就贬低和斥责他，简直如同"暴风骤雨"，但对他的溺爱和保护，又仿佛是在对待婴儿。在过度保护下长大的孩子，更多是对父母的依赖，很少能够感受到"骨肉亲情"。

"我15岁的这间屋子为何到处都是恐怖的身影"——从小学到初中，当事人一直害怕老师，害怕同学，与同学交往小心翼翼，总有受人歧视、被人排斥的感觉。在他的内心里，很渴望跟人交往，但在行为上，他总是独守一隅，在内心不断体验着"世态炎凉，知音难觅"。看到父母身世卑微，他一心要做"人上人"。为此他拼命努力，学习起来简直到了"如痴如狂"的地步，对吃饭和睡觉都不再感兴趣，但问题是，他的成绩总处中下等。这时，他又觉得自己不够聪明，对成绩好的同学心生忌妒，有时忍不住恶语相加，这便是他所说的"不顾一切地忌妒，像利刃一般的折磨，但不知其因"。当他对忌妒的原因有所觉察之后，他又自觉道德低下，更是自惭形秽，也更加与同学疏远。这时，他内心里就积下了许多阴影，不自觉地把它们投射到同学身上，感觉"到处都是恐怖的身影""我感觉他们都在排斥我""他们永远也不会原谅我""他们对我非常憎恨，只是没有表现出来""他们嘲笑我不如他们"，等等。

在课间，同学们在说笑和活动，他一个人在座位上纹丝不动，僵硬而孤独，仿佛波浪翻腾中一个孤寂的小岛。早晨来上学，从家带来一瓶水，到下午放学，瓶里的水一滴没喝又带了回去——不是他不想喝水，而是他觉得自己不配喝水，刚打开瓶盖要喝水时，脑子里就会有个声音斥责自己："你跟同学的关系搞得这么糟，还有什么资格喝水？"这种情况终于发展到有一天，他的脚无法踏进教室的门。

"灵魂却躲藏在那温馨无比的花香之中，一天又一天，仿佛快乐得与五彩蝶不相上下，在天地间亮翅，最为潇洒"——当事人身高体壮，说话却细如蚊蝇，他内部有一个没有长大的婴孩，稍不顺心就发脾气，就"哇哇大哭"起来，随时要求得到安慰。对他来说，现实环境是可怕的，他让自己沉迷在书本之中，几乎把所有时间都用来读书，习惯于独自从书中选取各样材料，在自己的内部营造一个可以躲避现实"暴风骤雨"的温馨花园，现实中到处都是不符自己意愿的不堪之事，他只能让灵魂躲避在那温馨无比的花香之中。你可以看见他在现实里行走，却不知道他随时都会通过一个秘密通道，逃到幻想的世界里，现实总有缺乏，这里可以补偿。

现实里的他，缺乏经验，刻板僵硬，不知变通，没有朋友，但他独自来到他的"温馨花园"，那里却为他存放着完美的友情——"真正的朋友的标准是刎颈之交""我可以跟世界上所有的人做朋友"。在现实里的他，黑白分明，内心容不得一丝阴影，恐惧邪恶，愤恨不公平，但发现生活中到处都是这些不好的东西，于是他跑进自己的"温馨花园"，在那里做了警察、做了包青天、做了人上人，可以发布命令，"铲除一切人间不平事"，可以"用心理学来医治和拯救人心，使人间充满真善美"。当事人逃避现实世界的"暴风骤雨"，躲进内心世界的"温馨花园"，让自己快乐如五彩蝶，潇洒于天地之间，从虚幻里获得安慰，发现它如此美丽，但不知它何其虚幻。

"我 15 岁的生命只是一间虚渺的屋子""我要早早飘出这间无奈的屋子，早早离开这几多伤痕、几多毒素的世界"——这里"虚渺的屋子"和"无奈的屋子"，透露出当事人对生命的虚空之感，虽然这种虚空之感显得幼稚，但他并不知道。在考察当事人的成长过程中，发现他的自我时常躲藏在幻想的体验里，无法跟现实建立真实的联系，不能在生活的经验里扎根，他的生命如同影子一样飘浮无依，他感受到的是"虚渺""无奈"，以至于他要"早早飘出"和"早早离开"。

这是一个自杀的警讯，也是一个求救的信号。在辅导中，我体验到他的心境是虚无的，如阴影飘忽不定，自杀的念头时隐时现；并且当事人向我真实吐露："我也清楚，我的内心世界是非常空虚的，除了知道一些课业知识之外，其他都是空虚的。"因为这空虚，他心里痛苦，也曾四处求助，但找不到东西来填补他的空虚。退学之前，他曾一度写下遗书，要在 15 岁的生日这天结束自己的生命。因此在辅导中，死的问题不可回避，对于这一点，当事人执于一端："自杀是我的权利！"但在这种高声坚持的另一端，却是："我并不想使用这个权利呀！"道理不能消融他生命深处的虚无，他需要从成长的经验中获得充实的感觉。但他没有找到这条道路，他暂时找到的方式是自我折磨，同时自以为享受。

15 岁的生命充满了"君主与被统治者的争斗"，但"我必须享受这一切，享受折磨与被折磨的快感"——当事人内心充满了恐惧和虚无，但自杀被他否决了："不，这绝对不可以！"取而代之的却是一种自虐性的享受——"享受折磨与被折磨的快感""我喜欢知识，也喜欢忧愁，因为忧愁也是一种美丽。父母看到我坐在那里读书，其实我也是跟忧愁在一起的，那时候的我更能发现忧愁的美丽"。他虽然可以躲进自己的"温馨花园"，但随时又要面对现

019

实的"暴风骤雨",在他的生活中,冲突不可避免,如同"君主与被统治者的争斗",而这长期的冲突在他的内心里又培植了极端的情绪,他采用极端完美主义作为武器,来排斥这个世界("人间如此残暴不仁""世界竟是如此黑暗如此悲惨""这几多伤痕、几多毒素的世界")。

我发现,在他 15 岁的生命小屋里,堆放着 500 岁的杂物——孔子和庄子、公平与伦理、道德重建与人类生存、绝对正义与法律、人性堕落与心理拯救,"万般皆下品,唯有读书高"……他的困难是,无法把这些东西整合起来,让它们和谐相处,彼此效力。相反,他让它们彼此发生无休止的冲突,以致他这个 15 岁的生命,一片硝烟弥漫。

"其实,我也不愿这样醉生梦死,但还有什么别的路吗?"——当事人反抗着,反抗中有无奈,无奈中又透露一种渴望,他想找到希望的微光——"我也不愿这样醉生梦死"。他不愿放弃,但又找不到实在可行的路——"但还有什么别的路吗?"其中有茫然,有怀疑,有期待,有询问。辅导就从这里开始——如果不愿意"醉生梦死",我们就可能找到某种存在的意义!

然而,辅导进行到中途,当事人被父亲带回去了。几年之后,我偶然看到这对父子,发现那个 15 岁的少年已经成年,但依然跟在父亲的身后,小心翼翼地走路。我让

他们回来，他们没来。我一直等着他们回来找我，但至今
没来。我总在那里，叩门即可。

那扇破碎的窗

　　父亲的强制，在他幼年、青少年时期曾造成许多压抑。他总记得父亲曾经给他造成的压抑和痛苦，心情总是不爽，回到家里，一见到父亲，就对父亲板着面孔，一句话都不想说。他内心有冲突，过去的伤害还在那里，无法释怀，现在这样对待父亲，又感到内疚，不知如何处理……

　　两年前，在一个研讨会上，我遇到一位年轻的教授。他知道我在做心理咨询，便过来跟我攀谈，讲到他内心里一个久远的困扰：他的父亲很强势，在他的幼年、青少年时期给他造成许多压抑，有很长一段时间，他感到如此痛苦，以致不愿待在家里。他后来拼命读书和升学，一直读到博士，成为教授，背后有一个很大的动力，就是想离开父亲，离开这个家，越远越好。但最终他没能逃离父亲。母亲去世之后，父亲到了风烛残年，一定要跟儿子住在一起，于是从老家搬到儿子的家里。真正让他无法逃脱的，并不只是眼前的这个父亲，还有他记忆中的那个父亲。父亲一直都住在他的内心里，不管他逃到哪里，都无法逃脱。他的内心里有一种伤痛，一直在那里，不管他有多聪明，不管他受过多么高的教育，伤痛都在深处，总被触及。

这位教授给我讲到一个故事：

在我的家乡里有一座山，风景很美，那里有悬崖陡壁，泉水从山顶直落涧底，形成壮观的瀑布。在我小的时候，心里总是难受，待在家里憋得慌，总跑到外面去，就是不愿回家。有一天，我沿着悬崖陡壁朝上爬，虽然危险，我却不顾。当地没有人做过这样的事，因为那是极陡的悬崖，一不小心，就会跌落到万丈深渊。我在攀爬的过程中也感到害怕，但我还是冒着危险一次一次地去攀崖，似乎从中感受到一种极端的恐惧，甚至从这种极端的恐惧里体验到一种刺激的快感。我不知道为什么会这样，大概是因为我想摆脱心里的那些痛苦吧。

这个故事，对他来说，简直成了一个象征或喻象，它里面包含着一个奥秘，一直没有揭示出来。

　　两年后，我在一个城市参加一个研讨会，他特意来参加，目的是见一见我，因为上次的谈话给他留下很深的印象。这次，他又一次向我讲了那个爬山的故事。

　　三天的会议期间，我们住在一个房间，每晚谈至深夜。他讲到，父亲宁愿跟两个女儿闹翻，也要跟儿子住在一起。但是，他总记得父亲曾经给他造成的压抑和痛苦，心情总是不爽，回到家里，一见到父亲，就对父亲板着面孔，一句话都不想说。这样一来，他心里又有所不忍，偶尔也跟父亲说一句话，父亲会因此快活一个星期。

　　让他感到困惑的还有，他与父亲的关系开始对他的家庭产生影响，包括他与妻子的关系、与女儿的关系等。他的内心里有冲突，过去的伤害还在那里，无法释怀，现在这样对待父亲，又感到内疚，不知如何处理……这样，我们一连谈了三个晚上。

　　会议结束那天凌晨，他醒来，突然从床上坐起身来，激动地对我说："学富兄，我昨晚做了一个梦。"

　　下面就是他讲的这个梦：

　　背景是一个小学，我在那里教书，平常住在学校，我的宿舍是一个单独的房间，一面墙上有一个很大的玻璃窗，窗外是模糊的远景。

　　有一天，我走进房间，一眼就看到玻璃窗上有一个洞，裂痕向四周蔓延开来，清晰可见。我环顾宿舍的四周，发现有一些贵重的东西不见了。我头脑里立刻想到一定是我的学生把这些贵重的东西偷走了。于是我跑到教室去查问。最开始我说了一些威胁的话，目的是让学生讲出来是谁做的，如果不说出来，我就要去找警察来一一审问。接着，我又用温和的语气央求学生，表示我只想知道是谁做的，但不管是谁，只要把东西交还给我，我决不追究下去。然而，不管我怎样软硬兼施，没有人说出来是谁。

日子一天天过去了，我一直都不知道是谁，为此心里很难过。直到有一天，一个学生来找我，悄悄对我说："老师，我知道是谁偷了你的东西……"但他又不敢说出那个人的名字。于是我鼓励他说出来，并且承诺，如果他告诉我，我不会讲出去。所以，他就讲出来了，我一下子就知道是谁偷走了我的东西……当我知道了答案，心里立刻就轻松下来，从梦中醒过来之后，还能体会到那种轻松与快乐。

讲完他的梦，他说："学富兄，你先不要说，让我试试解释一下这个梦。"

听了他的解释，我更加相信，一个人的梦总是与他自己的生活经验和生命体验联系在一起的，不必把释梦看作是一件太过神秘的事，当事人自己的理解才是最相关联和最有意义的。直面的辅导是促成当事人理解、接受，对发生的事情做出新的阐释，而且最好的阐释，总是他自己做出来的。而他对梦的解释，正好与我的理解和分析大致相同：

第一，"那个小学"反映的是当事人幼年时期的家乡背景。此后一些年来，他内心里一直有一个关于伤害的秘密，他想回到那里去，从根源上了解那时发生的一切到底是为什么？终于在好多年后的这一天，梦把他带回到久违的过去。

第二，"那个房间"是他的宿舍，是他自己的家，也象征着他的生命。那扇玻璃窗上的洞和向周围延伸开来的裂痕，象征着他早年生命经验中的那些伤害。面对这些伤害，他想到自己生命中一些宝贵的东西遭受了剥夺，梦以象征的形式表达了他内心的失落——他发现宿舍里有些贵重的东西不见了。

第三，"是谁？""为什么？"——他在梦中进行了长时间的追查，而这反映的正是他真实的生活和心态。在直面的经验里，我们常常从心理困扰中看到这样一个意象：许多人的内心都有这样一扇破裂的玻璃窗，面对破裂（伤害）与剥夺（贵重之物被偷了），他们会长时间坐在窗前，不断地问："是谁？""为什么？"当事人正是这样，因为早年遭受的伤害与剥夺，他长期以来都一直追问着。"是谁？"他是知道的。"为什么？"却一直没有答案。20多年来，他一直问，一直想弄明白。他真的不明白吗？他只是不愿意接受这样一个事实——伤害来自自己的亲人！直面的医治，根本之处在于，不只是帮助当事人找到一个答案，更重要的是，帮助他获得自我觉察，从而具有接受这个答案的勇气。

第四，那个讲出真相的男孩很关键。在梦中，有一天，一个男孩到他这里来，讲出了事情的真相。这个男孩是谁？是当事人自己。这个男孩，许多年来，一直隐藏在当事人的内心深处，一直跟随在他的身影里，现在他终于走出来了，走到当事人的面前。通过这个象征，我们知道，当事人自己本来也知道"是谁"，但是，直到现在，他才开始愿意接受这个事实——是的，是他的爸爸，那个爱他的人，曾经以不恰当的方式给他造成了伤害和剥夺。他一直不敢说出来，是因为他一直都不能接受。他在梦中花了很长时间去追查"是谁"，其中真正的意思是："为什么是他？"当这个小孩走过来，说出来，这表明他现在有勇气接受这个事实了。

第五，"真正的医治是成长"，这是我从释梦中得到的一个启发。如果没有成长，当事人内心就一直躲着那个受伤的小男孩，那个小男孩也就是他内在的自我——就一直坐在房间里，面对那个破裂的玻璃窗，久久待在受伤的体验里，这时，医治就不会发生。许多年来，他一直在进行无休止的追问："是谁？"然而，在这个梦里，他内心的那个自我走出来了，走出了被伤害遮蔽的阴影，讲出了内心深处那个久远的秘密，并且开始理解和接受那个久久不解的疑惑，以及其中愤懑的情绪。这时，他长大了。因为长大了，他才敢于去面对过去的伤害与剥夺；因为长大了，他才能够接纳现实里的那个父亲，并且尝试跟父亲建立新的关系；因为长大了，他获得了更深的自我觉察，经历了内在的改变，不再要求补偿，不再受制于内疚，不再抓住过去不放，也不再担心未来。

会议结束之后，这位年轻的教授回到了他的家——还是那样一个家，他仅仅离开了几天，父亲一如既往地生活在那里，但在几天时间里，当事人内心发生了一些变化，他眼中的父亲仿佛跟以往不同了，而他跟父亲的关系也开始发生变化。一段日子之后，这位教授给我来信，说他已从长久的困惑里解脱了，他很高兴自己能在父亲的晚年，跟父亲达成和解，而这和解的力量来自他内心发生的一场自我解放——那是在几个夜晚的谈话之后，在经历了一个梦和对梦的解释之后，他产生了一种新的体验和新的领悟。这些，我们称为医治和成长。

是的，每个人的内心都可能有一扇破裂的玻璃窗，但我们不见得永远要坐在窗前流泪和追问："是谁？""为什么？"

那些感觉的碎片

"我突然明白，我过去努力做的一切，都是为了我爸爸，一切都是为了得到他的肯定。""我从小都没有得到过他的肯定，我成绩考第一名，我追求完美，我什么都要最好，但他就是不肯定我……"

一个人经历各种内在的、外在的损害，会在内部形成一些感觉的碎片，当他长期沉溺在这些感觉碎片里时，就形成了心理障碍。直面的治疗，便是走进这些感觉的碎片，在碎片之间穿针引线，在任何一个可能的地方尝试补缀。直面的治疗强调关联，关联是生命成长的基本条件，也是心理治疗的基本要求。

当事人是一位年轻漂亮的女子，让人惊叹的是，在这样一个几乎完美的形体里，却有着一颗破碎的心，以及由此衍生出来的失掉统合感的生活。她前来寻求咨询，不是一件容易的事，这是在许多次的犹豫之后终于跨出的一步。与她的谈话中，我看到的是感觉的碎片，而我的回应，如同穿针引线，试图补缀那些破碎的感觉。

当事人：我昨天还在想，世界这么大，没有我去的地方……（谈话一开始，她就有这样的感叹。）

咨询师：遇到什么样的困难，让你有这样的感受？

当事人：我的意思是，我想解决家人的问题。我一直得不到他们的理解，就好像你只能背负三千斤，他们让你背一万斤。

咨询师：你的家人不理解你，这让你感到很有压力，是吗？

她说"是的"，并且停顿一下，我感受到，在这里，我们的关系有了一个连接。

咨询师：你希望家人在哪些方面能够理解你一些？

当事人：我希望他们知道这些年来我有多苦，我需要他们帮助，我很想摆脱这种状态。我本来计划在30岁时独立，但我现在已经30岁了，还没有好起来。五年前，我是健康人，在向着自己的事业努力。但家人不懂我的心，我就停下来了。

　　咨询师：是的。如果我们做的事情能够得到家人的理解，就会受到鼓励，我们就很愿意做下去。

　　这时，仿佛在她的生命里，有一个地方补缀起来了，她停顿了一下，就像打了一个结。

　　当事人：昨天我突然明白，我过去努力做的一切，都是为了我爸爸，一切都是为了得到他的肯定。

　　为什么那么想得到爸爸的肯定？这是我心里的一句问话，但没有说出来，我只是看着她，等着她说下去。

　　当事人：我从小都没有得到过他的肯定，我成绩考第一名，我追求完美，我什么都要最好，但他就是不肯定我……（她似乎知道我的疑问。）

　　听到这里，我心里想到，在一个人的成长过程中，父母对孩子的肯定何其重要。如果孩子一直努力，却始终得不到父母的肯定，这会在他的内心留下一个空缺，这个空缺会滋生一种非理性的动机，使他凡事追求完美，做一切事只是为了得到他人的肯定。如果做了一切，又得不到肯定，他内在的动力就丧失掉了，就会沉溺于无助的感觉里。这便是抑郁。

　　咨询师：现在你还想得到爸爸的肯定吗？（我想就"肯

定"这个话题朝深处走。）

当事人：想呀。（当事人的反应很迅速。）

咨询师：那你有没有做些什么，好让他肯定你呢？（但我后来知道，这个"想呀"是来自幼年的回音。）

当事人：因为从小他都不肯定我，现在我什么也不想做了。

咨询师：因为过去你爸爸不肯定你，现在你什么都不想做了。虽然心里很想做，但五年来似乎什么都没有做，你这样是不是有意要惩罚你爸爸？好像是说，"谁叫他过去从来都不肯定我呢？算他活该！"（这就是当事人现在的心态。我继续往深处走，想去触及一下她的内在动机。）

当事人：我昨天突然发现，我就是这样的。

症状是一种选择，这种选择的背后总有某种当事人难以觉察的动机。直面的治疗，是要走到深处，把这种动机揭示出来，给当事人看。

咨询师：你爸爸肯定你，你就做下去；他不肯定你，你就不做了。最后，你爸爸就为此付出了代价——他的女儿什么都不做了，她的女儿宁愿让自己这样生活下去，也不去做事了。她的女儿哪怕毁掉自己，也在所不惜。

当事人：我过去做过努力，本来看到日出了，结果发现，他不是这样想的，他似乎一点都不在乎我，一点都不理解我，这让我太难过了。

咨询师：这的确让人难过。对此你做出了怎样的反应？

当事人：我恨他们，他们对我的伤害太大了。我不想在这个家待下去了。以前，我太累，回家来休息一下，他们对我说，你要出去。现在，我想出去，他们说我得了抑郁症，叫我在家待着。左右都不是，都颠倒了。我难过得快要死掉了，每天，我都看见我的心在一大块一大块往下掉。我感觉自己已经接近死亡了，生命只剩下一片薄薄的纸了。昨天，我给他们（父母）打电话说，你们来给我收尸吧。他们说要来跟我谈一谈，但现在我又不想让他们来了。

这就是当事人的感觉碎片，这些碎片在她的内心形成了一道屏障，遮蔽了她的现实感，阻碍了她朝现实移动的脚步，使她陷入一种左右为难、无所事事的状态，跟家人形成一种既反叛又依赖的关系模式，在心理学上有一个名词，叫拖累症，就是这样的表现。这些感觉的碎片，让人在是与不是之间走来走去，找不到自己的地方。

咨询师：你刚才说到父母不理解你，现在他们要来跟你沟通，你又不想让他们来了。如果你们有机会在一起沟通一下，是不是可以让他们更理解你一些呢？

当事人：没有用的。我见到他们心里就烦。我过去需要他们的时候，他们不给……

咨询师：你的意思是说，他们必须过去给你理解，如果过去没给，现在给，你也不想要了。即使他们想理解你，你也不给他们机会了。因为你不想解决了，想就这样下去算了，是么？

当事人：不解决也不行呀，我现在已经 30 岁了，我必须独立起来。

谈话继续进行，我试图从这些感觉的碎片里整理出一条可行的路。

咨询师：你想独立起来，很好，有没有什么具体的计划？

当事人：去做义工。

咨询师：去哪里做义工？

当事人：我现在有几个目标，但都没有定下来，我还不知道自己能不能活过明天呢。

就这样，当事人在感觉的碎片里忽东忽西、忽左忽右，在正与反之间跳来跳去。她一边计划着明天，一边怀疑自己能否活过明天，于是，现实的路又被阻塞了，她随意就可以找到理由不去实施计划。

我沉默。

当事人：这一切都不是由我来决定的，以前我让他们给我点钱，他们不给，我简直要被他们活活逼死了。（把原因归咎于父母，一下子就从现在跳回到过去。）

咨询师：因为过去发生了那样的事，现在你什么都不能做了，你被过去注定了，现在对什么都无能为力。

当事人（听懂了话中的意味，尝试解释）：关键是，我难过呀。我活得这么苦，他们根本就不知道，对我身上发生的问题，他们一点都不知道。

咨询师：你能告诉我在你身上发生了什么吗？

当事人：22岁之前，我想过完美的生活，成为世界级歌手，想考电影学院，于是我到一个歌舞团去学习。在那里，我拼命练功，却没有人在意我。我觉得自己像一个西瓜被当成了一颗芝麻，跟一群没有志向的人在一起，他们都不理解我。我想退学，但不甘心，心里有许多矛盾，只能忍着。那一年我把自己耗光了，身体很虚弱，去医院看病，不知吃了一种什么药，我变成一个非常兴奋的人，觉得自己已经达到世界级歌手的水平了。我爸爸很傻，花许多时间陪我，但我变了，从外到内都变质了，他都不认识我了。

有一段日子，我整天拎着箱子在火车和铁道之间走来走去。我先前积累的能量全部耗光了，我感到无奈。我几次离开家，一个人到山里去，但是山村太冷了，到冬天我又回来了。我整天这样想，那样想，思维完全乱掉了，拎着箱子，跑这儿，跑那儿，也不知道要到哪儿。我试着吃这个药，那个药，吃了药就发疯。我要自杀的念头是怎么来的？是药物带来的。药物把我的心灵毁掉了，我的心灵又逼我自杀，但我有求生的愿望，告诉我说，不要死。可我又控制不住，因为潜意识对我说，你要死。

我对父母说这些，他们以为我在威胁他们。其实这样想也有道理，因为每次我都挺过来了，我强忍着跟自己斗。这些年来，我被药灌得昏昏沉沉的，吃了许多药，心情全都反过来了。我以前是一个外向的人，后来变得一句话也不说。有一个心理测评说我的衰弱程度达到95%，接近死亡了。

我由此知道当事人面对的困难，我没有忙着去做出诊断，无论她是抑郁症，还是精神分裂，或是边缘性人格障碍之类。我可以体会到她内心的冲突与挣扎，在那样一个过程里，在那样一个状态中，她做出一切努力想成为自己而不得，反而迷失了自己，内心积累了许多感觉的碎片，碎片下面却是各样的伤害。

我面对如此强烈的反差——在当事人那近乎完美的形体里，却有一颗破碎的心；在她那么好的语言表述里，混杂着不凡的智力和情绪的纠结；分明是一颗单纯的心，却在经历着如此复杂的矛盾、挣扎与苦痛；她有如此强烈的欲求，遭遇的却是强极而损的破灭；她的生命被赋予许多好的条件，却一点点剥落下来，变成了感觉的碎片；她遭遇挫折之后，试图让自己放下，却心有不甘，想实现自己的价值，又对现实充满无奈；她的情绪状态波动很大，随时都可能因一阵冲动而抛掷生命，但内心还没有放弃，这也为辅导留下一隙空间。

然而，多年来，药物的控制（其实控制不住）、家人的保护（家人终于变得无奈），还有一些莫名其妙的测评，都给当事人造成了雪上加霜的损害，使她对自己的看法更加不堪。这样的情况经常在心理咨询的过程中反映出来——一个人在生活中遭遇某种打击，心理受到损伤，产生了应激性的情绪反应和行为异常，立刻就被惊慌失措的家人送去医院，接受一套诊断性的、控制性的、以为有安全保障的治疗。结果往往因为当事人长期使用药物，生命机能日渐衰退，加上受到家人的过度保护，渐渐与外界隔离开来，变得无事可做，不与人交往，内心不甘沦落于此，现实里又没有什么出路，于是陷入彼此冲突的感觉碎片里，把生命的能量全部用来跟自己对抗、跟家人对抗、跟环境对抗，直到自己的社会功能丧失殆尽。有许多的家庭就这样被一个病人拖累着。

在直面的面谈室里，我面对的就是这样一个人，我也充分意识到接下来的治疗会是多么艰难，这艰难不仅指当事人心理困难的深度与复杂性，还包括她在过去的治疗中遗留下来的问题，如贴在她身上的诊断标签，在接受治疗的过程中受到损害的信任关系，其家人对心理治疗丧失了信心，以及怎样让当事人做好准备，接受长期而系统的心理帮助，如何把个体治疗与家庭系统辅导结合起来，如何让当事人发现和使用其内在的资源，如何协助她在生活环境中建立支持系统，推动她做力所能及的事，尽量与人交往，获得新的经验，疏通内心的隔绝，整合感觉的碎片，从感觉世界向现实生活移动，恢复对人、对事、对自己的统合感，让生命一步一步变得完整。但我知道，要着手去做这一切，戛戛乎其难哉！

咨询师：听了你的讲述，我了解了在你身上发生的事，你真的很不容易。你过去曾经很有追求，但在这中间经历了不少的困难，受到了伤害。

这次，当事人停顿的时间很长，这是宝贵的沉默，有一些东西在沉默里生长，我不去打破这沉默，直到当事人轻声说话。

当事人：是的，一切都因为过去，全乱套了……但是，一切都已经发生了，也改变不了了。

咨询师：过去不能改变，而现在什么也不能做，这就难了。

当事人：其实我想找一个工作，也试图工作过，但后来放弃了。因为心里总是要求所有条件都具备。现在，我的这个习惯已经打破了，我的想法是，自己有什么条件，就去做什么事吧。

咨询师：我最喜欢的一个原则就是"在现有的条件下做事"，也就是你所说的这个意思，有一点条件，就去做一点事，在做的过程中，条件会越来越好，事情也会越做越好。

当事人同意。

咨询师：现在，如果让你设想一下30岁之后的生活，你会想到些什么？

当事人：应该会好起来的，但会挺难的。

咨询师：是的，会有困难，但会好起来，这是成熟的态度。我在想，接下来我们会有一系列的谈话，可以一起来讨论，你会面对的困难到底是什么，我们怎样看这些困难，有没有什么办法来解决它们，我们的生活怎样才能变得好起来。你看怎样？

当事人：我愿意跟你谈话。

那份搁置的哀伤

阿平 18 岁的女儿自杀身亡。接到噩耗，阿平无法相信自己的耳朵。接着，他就被悲伤、愤怒、羞耻、自责的情绪淹没了。他匆匆赶到学校，快速处理了此事，又匆匆赶回家，草草安葬了女儿。这一切都是悄悄进行的，没有丧葬的仪式，没有通知任何亲友，甚至，阿平都没有把这件事情告诉自己的父母。

阿平是一家公司的总经理，他的公司一直发展得很好，但最近开始萧条起来，生意每况愈下。20 来年驰骋商场，阿平经历了多少坎坎坷坷，每次他都能凭着自己的能力让公司"起死回生"，但这次不同，看到自己苦心经营的公司濒临倒闭，他竟无动于衷，不想做任何努力去挽回。阿平之所以前来寻求心理咨询，是因为他想弄明白，到底什么地方出了问题，是公司，还是他自己。

面谈进行了几次之后，一个隐藏的事件浮现出来：就在一年以前，阿平18岁的女儿自杀身亡。当时她还是大二学生，因为失恋，在一个夜晚，她从宿舍楼跳了下来。第二天早晨，人们看到，在阳光之下，她残损的躯体像一棵被砍伐的树，倒伏在人行道边。

接到噩耗，阿平无法相信自己的耳朵。接着，他就被悲伤、愤怒、羞耻、自责的情绪淹没了。他匆匆赶到学校，快速处理了此事，又匆匆赶回家，草草安葬了女儿。这一切都是悄悄进行的，没有丧葬的仪式，没有通知任何亲友，甚至，阿平都没有把这件事情告诉自己的父母。然后，阿平就赶回自己的公司，重新投身到生意中去。

丧失女儿之后，阿平和妻子平日都会避免谈及他们的女儿，怕引起对方的伤心。但在他们的内心深处却留着一个空位，即使后来他们领养了一个孩子，那个空位也没有真正得到填补。阿平总是试图说服自己："过去的就让它过去吧。"但是，他和妻子都意识到，女儿似乎从来都没有离去。虽然他们在日常生活中小心翼翼地回避谈及女儿，但梦中却对女儿魂牵梦萦。虽然家中所有与女儿有关的物品都被搬走了，但女儿的言谈身影还萦绕在他们的记忆里，弥漫在周围的空气里。

为了忘却，阿平拼命工作。一度，他以为自己已经忘掉了。但过了一段时间，阿平身上开始有了一些变化：他时而会对温柔体贴的妻子发火，时而会在办公室当着员工的面摔东西。事后，他又为自己的这些行为后悔和自责。这样的事多了，妻子跟他说话越来越少了，尽量避免触碰到他，公司的员工也开始回避他，暗中有点人心惶惶。他的生意开始走下坡路。

这一切，阿平看在眼里，但让他焦虑的并不是情况变得越来越糟，而是他发现自己面对这种情况，竟然不想做任何努力去改变点什么、挽回点什么。为什么会这样？对此，阿平自己感到莫名其妙。

1998年，我在厦门的一个心理辅导中心接待了困扰中的阿平，跟他做了几次面谈辅导。一年以后，我到美国修读心理学，辅导就中断了。在汤普森（Earl Thompson）教授的"哀伤辅导"的课上，我回想跟阿平经历的那个心理辅导过程，更加深切地意识到，阿平内心里未经处理的哀伤是导致他个人危机的深层根源。

在这里，我读到鲍尔比（John Bowlby）在他的《丧失》（*Loss*）中进行的分析，他说，处于哀伤中的人往往会"不顾一切地投身于一场社会、政治运动中去，试图把自己从发生的丧失事件中抽离出来，好让自己从伤痛中恢复过来"。但是，这样做不能使他们内心的哀伤得到适当的表达，反而被忽略了，被搁置起来了，而这种未能表达的哀伤之情会一直潜伏于心，给当事人造成更加深切且隐而不察的损害。

阿平的情形正是如此，他内心有一个"没有完成的哀伤"，在暗中从内到外影响着他，使他在生活中的一切摆脱伤痛的努力都变得无效，甚至事与愿违。

这正是鲍尔比在《丧失》里所描述的情况："那些把哀伤搁置起来以至于延误掉的成年人通常是过度自信的类型。他们引以自傲的是他们的独立自强与自我控制；他们不喜欢多愁善感，把流泪视为脆弱。在生活中遭遇丧失的时候，出于过强的自尊，他们会独自承担，表现出好像什么都没有发生的样子。他们一如既往地忙碌，有效率地做事，让周围的人看到，他们能把一切处理得体体面面。但是，敏感的观察者会注意到，他们的内心紧张不安，常常会情绪失控。他们不愿有人提及失去的亲人，回避会让他们想到不幸事件的事物，哪怕是出于良好的意愿，人们都不该向他们表达同情或提及那件事情。然而，伴随这些而来的是他们的身体开始出现症状：头痛、心悸、身体疼痛，经常出现失眠，噩梦不断。"

这些正是我在阿平身上观察到的情况——他有自足型的性格，把哀伤的情感隐藏在心里，绝不暴露自己的弱点，用理性控制自己的生活，让一切都在他的掌控之中。然而，女儿的自杀却是他掌控不了的事件，对此，他感到既悲伤又羞耻、自责，他无法接受，也不愿面对，更没有找到什么方式来表达丧失女儿的哀伤。就这样，阿平带着"没有完成的哀伤"，在生活中强撑着应付一切，在他的内部却受到自己觉察不到的损害，并且以各种情绪和身体的症状反映出来。

　　在中国社会，从 20 世纪 80 年代开始，许多人离开自己的家乡，到经济发达的地区去做生意，把孩子交给上一辈人（孩子的爷爷奶奶或外公外婆）照顾，自己在外面打拼。一些年后，他们中有些人赚了钱，购了房，就把孩子接过来，家庭得以团聚。

　　正是在这样的背景下，阿平的女儿在父母离开之后，跟爷爷奶奶生活了十几年时间。其间，阿平夫妻也偶尔回老家看看女儿，但发现女儿跟他们的关系变得一次比一次陌生和疏远。按鲍尔比的依恋理论来看，阿平的女儿过早地跟父母中断了依恋关系，这可能在她的生命里播下了焦虑和抑郁的种子。如果她在日后的成长中没有经历医治的过程（生活本身的和心理咨询的），反而在生活中受到某些负面因素的刺激，就可能导致严重的危机。

直面的探索发现，许多类型的心理障碍求助者的生活经验中存在一个共同的情况，就是幼年时期经历过跟父母依恋关系中断，这很可能成为导致他们心理困难的重要根源。

据阿平讲述，女儿在自杀之前，对男朋友有极强的控制和独占行为，而这可能与她早年被迫与父母分离存在某种联系。事后加以分析，父母长期离开，很可能给她的心理造成不安全感和被抛弃感，由此让她产生自卑的情绪，对关系缺乏信任。

我们发现，父母离开孩子，总会有自己的道理，不外乎"没有办法""要多挣些钱，为了孩子过更好的生活"，等等，但是，面对父母的离开，孩子会产生分离焦虑，他内心的体验很可能是"因为我不够可爱，所以爸爸妈妈不要我了"。但孩子又不敢表达出来，怕父母责怪自己不懂事，因此，他会强求自己"懂事"，为了"懂事"而压抑自己的需求和情感。长期没有父母的陪伴，他无法跟父母建立起适当的、满足安全需求的依恋关系，内心留下一种情感的空缺，而这种空缺会以极端的方式寻求补偿性的满足，用鲍尔比的词汇来说，就叫"焦虑性关系渴求"。阿平的女儿跟男朋友建立关系时，会表现出强烈的控制与占有行

为，这便是受到无意识代偿需求或"焦虑性关系渴求"的
驱动。当男朋友试图摆脱这种被控制、被占有的关系模式
时，她从中体验到的是"被抛弃"的感觉，而且，这种体
验又与幼年"被父母抛弃"的体验联系起来，并且受到强化，
把她投进绝望的情绪，导致她在绝望中自杀。

事实上，在女儿自杀之前，阿平一度觉察到她身上那
种焦虑不安的情绪，也曾想过带她来接受心理咨询，但他
在忙碌的事务中，这个念头一闪即逝。女儿死后，阿平追
悔莫及，自责不已，头脑里反复出现一个控制不住的想法：
如果带女儿去接受心理咨询，她就不会走到自杀这一步。

在女儿活着的时候，阿平像生活中许多人一样，对自
己说，现在很忙，将来有的是时间跟女儿在一起。在女儿
离开之后，他突然意识到，这些年来，他把自己所有的时
间都给了公司，给女儿的时间和爱却是那样少。这种无法
表达的后悔和自责，在他的内心积聚着，形成了一种愤怒
的情绪，一种要毁掉什么来发泄一通的情绪。

据哀伤辅导理论，丧亲者内心里有愤怒，他们或者用
这种愤怒来惩罚自己，或者把这种愤怒倾泻到周围的人身
上。而在潜意识里，阿平发泄愤怒的对象是他自己和他一
手经营的公司——他恨自己太自私，恨公司拖累了他，使
他没有时间去关心自己的女儿，竟然导致女儿的惨死。伴

随这种愤怒和自责的情绪，阿平的潜意识里还产生了一种补偿女儿、给自己赎罪的愿望，他采用的方式就是对公司不管不顾，让公司（连同自己的生活）成为女儿的殉葬品。当然，阿平的这种行为是出自他的潜意识，目的是用来减轻内心强烈内疚感的折磨。他这样做的时候，对自己行为背后的动机并未觉察，因此，他对自己的情况感到"莫名其妙"。

内疚感是从良心里发出的"悄声细语"，它的功用是让人辨别善恶是非，激励人的德行。但是，并非所有的内疚感都产生良好的作用，还有一种神经质的内疚感，它出自过于敏感的良心，常常激发人去毁坏自己，以赎清内心被夸大的罪过。按弗洛伊德的说法，这种神经质的内疚感会用"悄声细语"对潜意识说话——"我需要得病"或"我需要受苦"。

在女儿死后，阿平一度陷入激烈的冲突：一方面，他不顾一切地投身于工作，不给自己片刻时间去想女儿的死；但另一方面，他越是把时间和精力投诸生意，良心的折磨就越发剧烈。

如果用语言来描述这种体验，阿平内心的声音是这样的：女儿死了，阿平依然活着，公司依然活着。他办公司做生意，并没有给女儿带来他曾经想当然的那种幸福，反而剥夺了一个父亲本来可以给女儿的爱。后来，阿平的公司开始出现问题，但阿平却听从了他潜意识的声音，任凭问题堆积，也不想去处理了。这种行为似乎在说：女儿已经死掉了，公司也没有存在的意义了。女儿不能"从死中复活"，何必让公司"起死回生"。因此，阿平让公司垮掉，从现实角度来看，这是一种损失，但从潜意识层面来看，这却可以缓解阿平内心强烈的内疚感。所以，阿平对公司不管不顾，其实源自心理防御机制的作用，表现为他试图通过一种转移或投射的方式，让自己远离可怕事件给他造成的心理冲击。

这种心理反应，正如特萝翠（Maria Trozzi）在《跟孩子谈丧失》（*Talking with Children about Loss*）中所说，"可能暂时使人感到安全和正常一点，但它不是真实的，它来自一种奇幻思维"，并不能真正帮助阿平渡过危机。"切记，"特萝翠继续说，"要想使哀伤减轻，最好的方式不是隐藏哀伤，而是把哀伤表达出来。"

人生无常，困扰时生。当遭受不明缘由的丧失事件的袭击时，人们常常发问："为什么会发生在我身上？"因为感到如此痛苦，人们接下来的反应便是试图调用心理防御机制来回避它。阿平失掉女儿之后，他没有经历哀伤的过程，反而把失亲之痛压抑下去，掩藏起来，这是造成他心理困扰与生活危机的深层原因。对阿平的辅导，很重要的是协助他完成一个被搁置起来的哀伤过程。

这个过程包括：阿平可以跟妻子一同经历哀伤，接纳彼此的哀伤情绪。阿平可以跟妻子一起谈论他们的女儿，而不是一味回避这个话题。阿平要能够接受，丧失是人生难免的事情，哀伤是生命自然的情绪。阿平意识到，他是一个有限的人，会在生活中有所丧失；他具有人的情感，当遭遇丧失的时候，可以表达自己的哀伤之情。我们在生活中损失一件物品，都会在内心里引起哀伤的情绪，何况我们丧失了亲人。阿平知道，哀伤需要一个过程，任何一种可以被称作哀伤的情绪，都不可能被完全抹去，也不会一下子得到医治。

哀伤还是一个自然的过程。当一个人遭遇丧失之痛，会产生一个强烈的愿望：忘掉它。但不管这种愿望多么强烈，总是不能忘记。或者，他以为忘掉了，那不过是把它放到潜意识里去了，它还在对我们说话，我们需要觉察它的存在。

荣格曾说，每一个人都扛着他自己的整个历史，而他的生命结构里，甚至记录着人类的历史，而历史参与了我们的现在，每时每刻都在对我们说话。丧失的亲人既是我们的历史，也同时在参与我们的现在。哀伤的过程，也是一条生命领悟的路。当我们在谈论丧失的亲人时，我们也在了解和确认，并给现在的生活赋予新的意义。我们感知到的每一件事情，不论好的、坏的、快乐的、悲伤的，都以某种形式聚集和储存在我们生命内部的某个地方。

米切尔（Kenneth R. Mitchell）和安德森（Herbert Anderson）在《丧失与哀伤》（*All Our Losses, All Our Griefs*）中说："适当表达哀伤并不是要让我们完全忘掉丧失的对象，而是让丧失的对象被充分地激活，从而在生活中建立新的关联，创造新的价值。其实，我们并没有真正失掉所爱的人，他们活在我们的记忆里，这记忆会一直丰富我们的生活，但不必要也不应该占据我们生活的每一个空间。适当的哀伤表明我们既能带着过去的记忆生活，又能建立新的关系。"

作为帮助人经历哀伤的辅导者，我们需要有足够的谦卑去承认，对生活中发生的许多事情，我们自己并不真正明白。当然，承认这一点并不意味我们什么都不要做了，相反，我们在任何情况下都可以选择有所作为。如特萝翠所说："我们并不真正懂得死亡，但我们可以用诚实和开放的态度来分享对它的理解。"

受苦是一件超越我们理解能力的事，但我们却可以从受苦中学习，了解它对我们的意义，了解我们作为人的有限，并且学会接受。米切尔和安德森表示："丧失以及与其相伴的哀伤都是生活不可分割的部分，人类无法跨越受苦与死亡的界限，悲伤也是人类无法逃脱的疆域。大体来说，要对'为什么我们要受苦？'这个人们总提的问题做出回答，答案其实是简单的：'我们受苦，是因为我们是人。'"

存在主义心理治疗，对我们理解人生、从事哀伤辅导提供了借鉴。苦难总会临到我们，这一点我们无法改变，但我们可以选择对它持有怎样的态度，以及做出怎样的回应。人并不被发生的事情所注定，我们过怎样的生活，取决于我们对发生的事持有怎样的态度以及做出怎样的反应。

弗兰克尔（Victor Frankl）曾在他的《活出生命的意义》（*Man's Search for Meaning*）中说，人类的一切生存条件都可能被剥夺，但"还有一样东西保留下来了，那是人类最后的自由——在不管何种境况中选择自己态度的能力"。甚至，弗兰克尔表示，人可以在受苦中找到意义，从而"把一场个人悲剧转化成一场胜利，把自我的困境转换成人类的成就"。

因此，对于阿平来说，对于任何人来说都可以如此，一个挫折可以激发一场突破，一场危机里同时含有危险与机会，我们可以做出选择。人生充满得与失，我们正是通过对得与失做出好的回应来创造着生活的意义。生活本身是一个意义采撷的过程，生活事件有"好"有"坏"，并非只有"好"才让人生有意义，"坏"里同样含有意义，甚至含有更深的意义，这意义需要我们进行深度采撷。

家庭会复制

爱来自父母，伤害也往往来自父母，而这爱与伤害，总会被孩子继承下来。

父母的遗产

男朋友说爱我，我对他说，我不相信你会爱我一辈子。你现在对我好，谁知道以后会怎样。人的感情会改变的，我的亲戚，周围的朋友，这些我见得多了，我们俩没有未来的……

男朋友觉得我给他压力太大。当时他正在读大学，我总对他说，你要好好学习，到社会上多做兼职，才会有更多的社会经验，才能够适应社会，不然的话，怎么行呢。我反复这样说，他觉得承受不起，就离开了我。

这是人类成长经验中的一个悖论：爱来自父母，伤害也往往来自父母，而这爱和这伤害，总会被孩子继承下来，成为人生的遗产。在我的考察里，症状总反映出这样的根由——父母给子女造成了伤害，子女在痛苦中一边明显反抗着，一边又暗中吸收着。结果他们不仅是受害者，同时也可能变成施害者，会用父母曾经对他们的方式去对待他人（往往是跟自己关系亲密的人），而这样做的时候，他们自己往往习焉不察。下面是一位 24 岁的女子跟我做的一场面谈，其中所反应的就是这种情况。

当事人：我觉得自己一无是处。有人对我说，你很善良。我说，善良能赚钱吗？也有人说我温柔，我说，温柔有什么用，我却不能适应社会。

咨询师：看来你很想适应社会，却觉得善良和温柔并不重要。在你看来，一个人要具备怎样的条件才能适应社会呢？

当事人：最重要的是健康的心理。你想，如果我的心理不健康，出去找工作，被人家拒绝了，我就会否定自己。相反，如果我心理健康，不管别人怎样拒绝我，我都不会在意。

咨询师：所以，你觉得如果心理健康了，一个人就会什么都不在意？

当事人：是的。

咨询师：那心理健康是不是说，如果一个人心如顽石，就可以什么都不在意了。但是，只要我们有感情、有判断，我们总会为一些事难过，例如，别人拒绝了我，我可能会在意，包括会感到难过，而这说明他有感情啊。

当事人：我在感情上出了问题，谈过几场恋爱，他们都离开我了。他们说我这个人太忧伤，跟我在一起不快乐。

咨询师：他们为什么会这样说？

当事人：男朋友说爱我，我对他说，我不相信你会爱我一辈子。你现在对我好，谁知道以后会怎样。人的感情会改变的，我的亲戚，周围的朋友，这些我见得多了，我们俩没有未来的。

咨询师：你对男朋友说这些话，是不是想让他离开你？

当事人：不是呀……

咨询师：他说爱你，你却对他说不相信感情，你们之间没有未来，那你的意思是……？

当事人：……也是啊，我当时怎么就没有想到这些呢？

咨询师：他现在爱你，你却拉着他去担心未来。

当事人：是的，我的男朋友跟我相处一段时间后，说我没有活在现在。有很多事，我还没去做，就想肯定做不到，后来果然做不到。我对男朋友说，我现在不能接受你，因为我心态还没有调整好，跟任何人谈恋爱都会分手的。后来果然就分手了。

咨询师：恋爱是两个人的事，如果一方总对另一方说没有未来，另一方就可能选择放弃。

当事人：是的，我谈恋爱，跟男朋友一般维持两个月，对方就放弃了。但我也不愿意这样呀，我控制不住自己的思维，凡事都会朝消极处想，但又没有力量去改变这一点。

咨询师：现在你跟男朋友在一起，会谈些什么？

当事人：现在他在厦门，我在南京。他说让我去厦门，我说在厦门根本找不到工作。其实，我自己是从福建来的，我不想回到那里去。

咨询师：你不想回福建，有什么别的原因吗？

当事人：我父母还在福建，而我是为前一个男朋友来南京的。但那个男朋友觉得我给他压力太大。当时他正在读大学，我总对他说，你要好好学习，到社会上多做兼职，才会有更多的社会经验，才能够适应社会，不然的话，怎么行呢。我反复这样说，他觉得承受不起，就离开了我。

咨询师：你对男朋友说这些话，听起来就像是他的爸爸、妈妈。

当事人：这可能跟我小时候有关。在我家里，关系很冷漠。我爸有什么好事都一个人去做，独自享受，从来不跟人分享。他出去做生意，在外面受了气，回家就把气撒到我和我妈身上。我爸是一个追求完美的人，他总说我和妈妈这不行，那不行，这不对，那不对。我小时候成绩好，他心里高兴，但从不赞扬我一句。在生活上，他觉得我什么都做不好，就不停地说。比如说这块白板，上面有没擦干净的地方，这就不符合我爸爸的标准。他会说，你太笨，连一张白板都擦不干净。为什么一件小事，你都做不好？

从小到大，我每天都听到他在说"你连这个都做不好"，现在果然我什么都做不好。爸爸是奶奶一手养大的，爷爷比较懒，奶奶很辛苦，爸爸从小对奶奶孝顺，好胜心强，凡事要求完美。他很自信，我却不行，他能把任何事情做好，我什么也做不好。小时候，我想学乐器，他说，学什么乐器，有什么用，也不能赚钱。他的标准是，什么能赚钱，就是好。

咨询师：看来，情况似乎成了这样——过去你爸爸要求你，现在你用同样的方式要求你男朋友。过去你爸爸这样对你，让你感到有压力，以及逃离他；现在你这样做，会不会也给你男朋友造成了压力，以致他们逃离你？

当事人：正是这样。我对我男朋友说，你不要以为你学历高，现在连研究生都找不到工作，不要太自以为是了。男朋友对我说，30岁时要在厦门买房子，我对他说，我不相信你30岁会在厦门有自己的房子。

咨询师（故意说反话）：你真是很会说话呀。

当事人（笑）：我现在讲一讲，就知道原因出在哪里了。

在我跟男朋友的关系里，我自己变成了我爸，他变成了当年的我。我爸有出人头地的想法，我头脑里也有。但区别是，我爸爸有行动，我没有行动。

咨询师：爸爸太强大，女儿太"弱小"。但是，不是你真的弱小，而是你感觉自己弱小。

当事人：十年来，我只关注自己内心的东西，一直觉得自己弱小，一直感到恐惧。上高中那段时间，我听课的时候，脑子开始不断地想，从树干想到树枝，从杯子想到子女，又想到女娲，越来越没有关联。有时，坐在公车上，我头脑里会产生跳下去的念头，有时，前面有车开过来，头脑里又会出现迎上去的念头。我对我妈说，我的心态不对，我要去看心理医生。我妈说，只有疯子才去看心理医生。你现在都读高二了，到这个年龄，离结婚不是很远了，如果在镇上传出去，让人知道了，将来的婚姻大事怎么办？

咨询师：你妈对事情有消极的预测。

当事人：我妈总是把人和事往坏处想。我对她说，我男朋友觉得我太忧伤。我妈说，这会不会是一个借口？会不会是他嫌你学历低？又说，其实我早就知道你们是不可能的。听了妈妈的话，我知道，在她心里，我是配不上我男朋友的，我们是没有未来的。

咨询师：你妈的话像种子一样播在你的头脑里，你就在那里浇水施肥，让种子发芽、成长、开花、结果，于是就形成你后来的生活。

当事人：我很想挣脱他们对我的控制，但在我忧伤的时候，我会想回家，想从他们那里得到一些安慰和保护，但这样一来，他们就有了机会把更多消极的东西灌输给我。但是，在我过得好的时候，我就不想回家。

咨询师：是的，你现在离开家，自己尝试在外面做事情，让自己获得成长的经验，这不容易，但你会长大的。

当事人：我父亲曾经有婚外情，跟我母亲闹离婚。他们都问我跟谁，我妈说，你就跟我吧。我心里很痛苦，感到这个家马上就要散了。当时我正读高中，成绩非常好，觉得未来充满希望。那一段时间，电视经常放新加坡的电视剧，我看到世界上有这样一个花园般的国家，心里想，将来一定要去新加坡留学，我对这个国家非常向往，我知道我可以做到，我相信自己的成绩。

但妈妈说，她只能供我把高中读完。我心里就凉了，原来，我的生活费都是没有来源的。就这样，我的大学梦一下子破灭了。从那以后，我的成绩越来越差，对家庭也不再相信了。我看到，爸妈曾经也喜欢文学，从相爱到结婚，后来还不是成了这样。

咨询师：所以，男朋友向你表达爱慕，你是用这段受

家庭会复制

伤的经验回应他："我不相信爱情……"其实你内心里很
渴望爱情；而当你对男朋友说"我们没有未来"的时候，
事实上你真的很希望你们的未来是有保障的；你对他说"我
看得太多了，结果不过如此"，其实你真正的意思是想让
他向你保证"我们会不一样"，问题在于，你男朋友哪里
知道你内心想的是什么呢？

当事人（笑，并点头表示认可）：现在想起来，我过
去总是把他当作垃圾桶，只顾把自己的情绪倾泻到他身上。
跟他在一起，我太过关注自己，只谈自己的事，从不考虑
他的感受，从不在乎他的想法，我总认为我说的都是正确
的，都是为了他好，他应该理解。过去，我就是用这种方法，
通常是两个月赶走一个人。

咨询师：如果你不爱一个人，想把他赶走，大可用这
个办法，因为它很有效；但问题是，你爱他，也用这个办
法……

当事人：高中之前，我心里有话从不跟人讲，一直待
在自己的房间，把门关起来，把窗帘拉起来。我妹妹说，
小时候，她很讨厌我，因为我从不理她。后来我才意识到，
我这是在用爸爸的办法对付我妹妹。有一次，我跟同伴在
一起跳方格，他们说谁跟我玩谁就会输，从此我害怕跟人
合作。我孤立自己，还自我安慰一个人多好，不用等别人，

等人多烦呀。

同学约我玩，我找理由推脱，说我有这事、那事，其实我什么事也没有，只是一个人坐在窗前发呆。自从我爸妈关系不好之后，我有时候会坐在那里一哭就哭上两个钟头，抽泣、发抖。我爸妈以为我是学习压力太大，其实我是精神上有困惑，内心里有恐惧。

咨询师：是的，你内心经历了伤害，需要有一段时间疗伤。有时候，生活本身也在帮助我们疗伤。现在，你身上发生不少的变化，你能离开家，到另一个城市工作，能交男朋友，还能跟人交往，并且来寻求心理咨询。

当事人：那是因为我对生活的希望还没有泯灭，我一直都在努力给自己寻找一个出口。现在，我找到一份推销产品的工作，我很努力，只是时常会被人拒绝，这让我感到自卑、沮丧，觉得太累，觉得人生没有意义，有时候就把万事想得很空。我来寻求心理咨询，目的是想让自己的心理变得健康，从此不在乎别人的拒绝，从此能承受一切。

咨询师：我很高兴听到你如此明确地表达对心理咨询的期待，我会跟你一起经历一个过程，看心理咨询能帮助你做些什么，哪些又是心理咨询做不到的。从你前面的讲述里，我发现你对自己开始有很好的觉察，意识到在你的生命经历中，哪些因素给你后来的生活造成了影响。

例如，我看到，在你跟父母的关系里，爸爸对你有过高的要求，给你造成了压抑，同时也造成了你对自己的强求。妈妈对人、对事有消极的看法，也给你造成了影响，包括影响你对男朋友的看法、对生活的看法。在一段时间中，父母的关系出现了危机，这让你感到非常担心，而父母并不知道。这些情绪在你的内心暗暗累积，一度变成了一种恐惧性的联想。

　　但我看到，你对这些背后的因素开始有所觉察，这一点非常重要。成长不容易，因为我们内心里有许多东西要去处理，生活中又有许多东西要去面对。但是，当我们对自己有越来越多的觉察，并且敢于到生活中去经历和有意识地反思，情况就会慢慢发生改变。不管过去发生了什么，我们都不是被注定的。只要我们愿意，我们就会改变。

原件与复制

我妈总在爸爸和哥哥们面前说我的坏话，所以他们对我印象不好。不管家里发生什么，父亲从来不说话。哥哥们跟我的年龄相差很大，都觉得我不懂事。在这个家里，每个人说话都是横冲直撞的，从来都不给我说话的机会，也没有人问我的感受……

当事人是个非常美丽的女性，问及求助的原因，她说："我走在街上感到害怕，觉得别人都在看我，我做的每一个动作，别人都在注意。我不能表现自如，觉得抬不起头，简直没脸见人，想找个地洞钻进去。"

探索症状发生的根源，我很快发现一个现实起因：几年前，当事人在一个学校做教师，其间发生了一个事件。她当时受到另外三个年轻女教师的排挤，她们一起作证说她散布了一个谣言，讲一个年长的女教师和别人发生男女关系。这给当事人造成很深的打击。她回忆起这件不堪的事，反应依然很强烈，她说："我当时一下子就垮了，后来一直感觉很慌乱。"

在现实起因的背后，还有一个家庭的根由：她的家庭环境，尤其是她跟母亲的关系。"我妈对我不好，从小打我，我是被打着长大的。她打我是没有理由的，只要看我不顺眼、不高兴就打，而且总打我的脸。她伤我的自尊，在她面前我觉得就像被脱光了衣服一样。我一直长到十几岁，她都不让我跟人接触。我跟同学交往一下，她会想得很肮脏，还到处散布我的谣言。她真是让人烦透了，无事找事，无端怀疑别人的动机……"

接下来，我们就会面对辅导中经常遇到的情况——来访者讲述自己的痛苦，以及发生的现实根由，且往往以为，痛苦起因于某个现实事件或生活环境中的某人，但对其中的微妙关联却感到莫名其妙。

直面分析方法发现，在个体成长过程中，那些刺激很强的幼年经验总会被保留下来，它们会在一个人的内部形成一种原生经验的版本，可称之为原件。这个原件具有很强的动机作用，会受到现实环境中某些因素的刺激，不断进行一种复制行为，于是产生了各种各样的复制品。其症状的行为往往是一种复制行为。

例如，当事人走在街上"抬不起头来"，感到"没脸见人"，以致"想找个地洞钻进去"等，这便是一种无意识的复制品，原件来自她与母亲的关系——充满了自尊受损的经验，那种"像被脱光了衣服一样"的感觉会从母亲面前转移到街上所有的人面前。这是一种移置性复制，它会从一个对象转移到另一个对象，从一种环境转移到另一种环境，而当事人对此并不觉察。

咨询师：为什么那三位年轻的女教师要排挤你？

当事人：当时学校里有四位年轻教师，只能正式聘用其中一个，而学校打算留我，这就引起了那三位年轻女教师的忌妒。也是在这个时候，我不知道怎么得罪了一个年长的女教师，我总觉得她心胸狭窄，就把她当成我妈了……

这里，当事人的内心里在经历着一种复制，反映为她的母亲被复制成那个年长的女教师，因为有了这样一种角色的复制，继而就会产生一种关系模式的复制。但当事人对此并不觉察。

咨询师：后来你跟这位老教师的关系怎样？

当事人：其实，那个老教师本来对我还可以，但我也不知道为什么我就那么讨厌她，容忍不了她，看不惯她的一切。结果，她对我也很失望，对我也不好了。

从这里我们便看到，当事人与母亲的关系变成了她与那位老教师的关系。当事人不太明白，老教师更是不明真相。

我进一步了解事情后来的进展，当事人讲述。

当事人：结果我就被学校辞退了，回到家里睡了几个月，什么也不干了。

咨询师：家里人有什么反应呢？

当事人：没有人过问我的事，他们任凭我躺在床上这样一天一天下去。父亲不管，我有三个哥哥，也不管。我妈受不了了，就来打我，叫我回去继续干。当时我都26岁了，她还像过去一样打我的脸。我就把饭倒在她床上，拿起板凳向她冲过去……

咨询师：你刚才说到，从小到大，妈妈都是这样对待你，那你爸爸和哥哥呢？他们有没有出来干预一下？

当事人：我妈总在爸爸和哥哥们面前说我的坏话，他们对我印象不好。不管家里发生什么，父亲从来不说话。哥哥们跟我的年龄相差很大，都觉得我不懂事。在这个家里，每个人说话都是横冲直撞的，从来都不给我说话的机会，也没有人问我的感受，我有一千张嘴也说不清。

我妈这个人又愚昧，又要强，嘴里不说到底要我怎样，我就不知道该怎么办。反正在她眼里，我一无是处，很臭。从小到大，我已经习惯她说我不好，习惯家里所有人都说我不好。反驳没用，不反驳又生气。那个家，就跟牢笼似的。到现在，我跟他们也没有什么感情，结婚之后，我再也不回去了。

了解这种家庭关系的状态之后，我心里暗想，在当事人的感受里，这样的家庭环境会不会在后来变成她生活的现实环境呢？

咨询师：结婚之后，你重新进入一个单位工作，在那里的情况是怎样的？

当事人：其他还算好吧，就是有一个人让我很不舒服。在我们办公室里有一个同事，是一个老女人，我总忍不住用余光看她，心里面有一种老是被她压住的感觉，20年来，我在家里被母亲压着，现在工作了，又被这个老女人压着，就觉得很气闷，凭什么呀？

每天上班，只要一进这个办公室，我就放不开，别人做一个动作，也不关我的事，但我都会注意，把所有心思都用在关注别人的动作上面了，听到别人说什么话，我也担心他们说的话是在针对我，就这样，我觉得这里很不安全，觉得在这里待不下去了。

　　当我们了解了当事人成长经验中的原件与现实环境中的复印件，就很能理解这段话所表达的几种情况：第一，当事人总在生活环境里找到一个人——往往是年长的女性，以及她身上的某些关联性的特点，让她变成母亲的备份；第二，当事人在 20 多年来一直被母亲压着的情绪（害怕、愤怒、怨恨等），在母亲那里未得到释放，长期积郁于心，不自觉间就会转移或投射到她生活环境中的某个"无辜者"身上；第三，这个办公室环境也是从她成长过程中的那个"跟牢笼似的"家复制而来的。

　　到了这里，可以对当事人身上的原件与复制的情况进行一番分析：

　　其一，母亲是一个带有病毒源的角色原件，这个角色曾经被复制到那位年长的女教师身上（顺便提一下，来访者可能在有意无意间真的编造过有关那个年长的女教师的谣言，而这出自她内心里强烈的诋毁母亲的潜意识），现在又被复制到办公室一位年长的女同事身上。在当事人进行角色复制的同时，她也在对这种受损害的关系模式进行复制，于是，她与母亲的关系被复制为现实中她与那位女教师的关系，以及与那位女同事的关系，这种关系必然发生新的损害。

　　其二，这里还有一种值得关注的复制模式，就是母亲的角色被复制到当事人自己身上。这种情况非常普遍地发生，人们对此却习焉不察——在家庭关系里，父母给孩子造成最大损害的某些观念和行为，往往被作为直接受害者的孩子继承下来，并且会在自己的生活中寻找新的受害者（往往是亲人）。这种不幸的事也在这位当事人身上发生。我发现，当事人会咬牙切齿地诅咒丈夫、用杯子砸丈夫，这个时候她事实上已经成了她母亲的复制品——母亲加害于她，她加害于人。

其三，角色复制与关系复制并非总是以一对一的方式进行，也可能以"一生二，二生三，三生万物"的方式进行群体复制。例如，在当事人的潜意识里，她的母亲（包括她的父亲和哥哥们）不仅可以被复制成年长的女教师和女同事，还可以被复制成更多的人，如学校里那三位年轻的女教师、公司的同事们、大街上走着的人们，以及生活环境中的所有人。他们都是从她的原生家庭里走来的影子。

其四，环境也是可以复制的。当事人的原生家庭本身就是一个无意识原件，可以在现实生活中被复制成任何一个环境（学校、办公室、大街等），而原生家庭里的人物（母亲、父亲、哥哥们）也可以被复制成她生活环境中的所有人。

其五，情绪可以复制。当事人在原生家庭里的情绪，针对她家人的情绪，可以复制成针对所有的人，使她不管到哪里，只要是面对人的时候，都会感到紧张、焦虑、委屈、敌意、冷漠、怨愤、无法忍受、无法相处、待不下去。总之，当事人就像一只受了惊吓的小动物，她总是不安地注视着周围，人际关系里出现任何一丝风吹草动，都会在她内心引起过度惊恐的反应，导致做出过激的逃避或攻击行为。

如果从原件与复制这样一个角度来理解心理咨询，咨询师可以被看作是人类意识系统的工程师。生命在经验里成长，那些受侵害的经验会造成受损害的关系模式，受损害的关系模式会变成储存在潜意识里的原始病毒版本。在生活中，人们随身携带着一个或多个隐而未见的版本，行走在现实环境里。他们遭遇各样的生活事件，与各样的人打交道，他们很可能在不自觉之间从潜意识的库存里调出相应的原件资料，从而对现实中的人和事做出反应，而这些反应一定是损害性的，就如同受到病毒侵扰一样。

而咨询师的工作，就是协助当事人去查找自身生命系统中的病毒原件，即让他了解自己的原初经验，以及其中那些隐而不察的伤害，并让他看到，这些病毒原件在他的现实环境中在进行怎样的复制行为，亦即了解原初经验与现实经验之间的影响关系。更重要的是，咨询师将与当事人一起寻找适当的方式清除病毒或隔离病毒，即在原初受伤的经验与现实生活环境之间划分明确的边界线，修建意识的隔离带，设立觉察的警示牌，禁止当事人进行不自觉的投射、转移、泛化、调用等无意识的复制行为，从而不断修复病毒原件，更新生命版本。

从共生体家庭里出来的人

母亲自己一直坐在轮椅上生活，行动很不方便，却把身体健康的女儿照顾得无微不至。当女儿出现社会适应的问题，母亲却出来阻拦女儿继续接受辅导。在意识层面上，这位母亲希望自己的孩子好起来，但在潜意识里，她害怕女儿离开自己，试图用"爱"让女儿依赖她，直到把女儿变成一个像她一样无法走出家门的人。

"共生体"本是一个生物学概念，我这里用它作为一个视角，来考察生命成长与家庭环境的关系。从生物的意义上看，生命源于在母体内孕育成胎，这时胎儿跟母体形成一种共生关系，表现为胎儿绝对依赖母体而得以存活。

随着生命的降生，胎儿与母体之间的生物共生链被剪断了，他脱离母体而成为一个独立的个体，他跟母亲的关系不再是共生关系，而是依恋关系。依恋关系的意义不仅体现在母亲对孩子身体上的照料，更体现在母亲有意识地培育孩子获得心理成长。

虽然孩子从母亲的身体脱离了，但母亲依然保留着那种共生体体验，这种体验里有一种强大的本能力量，使一位母亲在看到孩子遭遇危险时会奋不顾身，但也可能使母亲在养育孩子时有溺爱行为，以致给孩子的成长造成阻碍和损害。特别是当一位母亲在个人成长中遭遇某些负面经验，如自幼受到父母忽略或虐待，在社会上遭受意外的伤害等，会使她对世界产生严重的不安全感，因而担心孩子会受到同样的伤害，这反而使她走到另一个极端，对孩子进行过度保护，限制孩子的成长空间，不让孩子跟自己分离，从而维持一种心理意义的共生依赖关系。这是一种无意识的母爱。

戴维·特伊尔（David Troyer）博士在直面心理研究所演讲时，曾讲到一个故事。

一位母亲带着她五岁的儿子旅行，途中飞机发生故障，这时广播里传来播音员的紧急通知："各位乘客，现在飞机出现故障，请大家保持镇静。现在，氧气面罩已从座位上方落下来，请大家戴好氧气面罩。带孩子的乘客，请先给自己戴上氧气面罩，再帮孩子戴上氧气面罩。"

这时，那位带着五岁儿子的母亲会做出怎样的反应呢？她需要按播音员的指令，先给自己戴上氧气面罩，再给孩子戴上氧气面罩。如果她用本能的爱做出反应，先急着给孩子戴氧气面罩，可能会在紧张之中手忙脚乱，耽误了时间，又导致自己缺氧，结果没能救孩子，同时也搭上自己。

特伊尔博士的这个故事，意在提醒：真正的母爱不只是出于本能，而且需要上升为一种有意识的爱——有意识地培养孩子长大，成为一个有关怀能力和责任意识的个体。

心理症状有一个深层根由，就是孩子有逃避成长的本能，而母亲有过度保护的本能，二者长期纠结在一起，形成这样一种互动关系：孩子追求母腹般的舒服感觉，母亲创造母腹般的舒服环境，一味满足孩子对舒适和躲避的欲求，而不鼓励孩子去直面环境、探索世界，为他的成长意愿提供条件。

在我们的社会里，有一些共生体类型的家庭，往往有这样一些关系模式：第一，母亲过于溺爱，父亲过于严厉；第二，父亲跟母亲联合起来，共同对孩子实施过度保护与强制；第三，母亲单独跟孩子建立共生体关系，父亲成了家庭局外人。不适当的家庭关系模式，特别是不适当的母子关系和父女关系，会给孩子造成人际关系、婚姻关系、自我价值、社会适应等方面的严重困难。

观察自然界，我们会发现老鸟让雏鸟试翅，老虎教虎崽捕捉；观察人类社会，我们却看到有一些父母对孩子过度保护，不让孩子长大，连动物所具备的本能都丧失了。在人类的社会里，不仅有共生体的母爱，还形成了许多不同程度的共生体家庭，甚至许多文化里都渗透了共生依赖的因素。这种共生体文化具有一种强制性的凝聚力，但内部关系却充满了争斗，个人心灵状态是一盘散沙。一方面，大家彼此依赖求生存；另一方面，个人只被看作共生体的一部分，他的利害取决于共生体的利害，因而会感到很不安全。在共生体文化里，个人很难分离出来，因而难以培养出独立的自我意识，反而造成个人的依赖。

在共生体家庭环境里，父母跟孩子建立的是一种彼此依赖，又互相折磨，但谁也离不开谁，谁都怕离开谁的关系，借用崔健的歌词：你离不开我，我也离不开你，谁都不知到底是爱还是赖。

在共生体家庭里长大的孩子，离开家庭之后，还会带着自己的共生体经验，在生活中寻找新的依赖对象，与之建立新的依赖关系。例如在恋爱和婚姻选择上，他们内心最强的动机是满足依赖的需求。当他们有了孩子，可能会复制原生家庭的那种共生体依赖关系，会满足孩子的一切需求，让孩子依赖他们，他们同时也依赖孩子。

有一位下肢瘫痪的母亲，自己一直坐在轮椅上生活，行动很不方便，却把身体健康的女儿照顾得无微不至，每天给女儿打洗脸水、洗脚水。女儿长到17岁的时候，出现社会适应问题，退学回到家里。接受一段时间的心理辅导后，女儿开始有了自己的想法，发生了一些变化，并尝试跟家人建立新的关系。这时，母亲阻拦女儿继续接受辅导，因为她发现，女儿跟她的关系开始出现"问题"。在意识层面上，这位母亲希望自己的孩子好起来，但在潜意识里，她害怕女儿离开自己，试图用"爱"让女儿依赖她，直到把女儿变成一个像她一样无法走出家门的人，这样一个身体残疾的母亲就可以跟心理残疾的女儿捆绑在一起了。

孩子要成长，总会经历经验，会有自己的烦恼。我们甚至可以说，他有权利烦恼。但是，有些母亲对孩子如此关心、如此体谅，生怕有任何事让孩子难过，恨不能代替孩子难过，让孩子脸上每天都呈现花朵一般的笑容。

有一个大学生出现强迫症状，其表现是拼命要让自己的头脑保持纯洁的状态，因此反复用仪式去驱赶随时出现的不好意念，在外面还可以忍住不做仪式，到了家里症状就无所顾忌地表现出来。他长时间沉溺其中，影响了学业，结果他的名字被列入补考名单，并在学校公告榜上公布出来。在这对母子的陈述中，我看到了这样一幅场景：在公告栏下，母亲看到儿子"榜上有名"不停流泪，孩子站在一旁冷眼旁观，全无所谓。

当孩子连自己的感受空间都被取代的时候，他只能选择封闭自己的情感世界，变得冷漠，或沉溺于某种有害身心的活动，甚至可能因此而丧失感受快乐和痛苦的能力，觉得活下去实在没有什么意思，因为他的"活"大多被取代了。曾经有一个案例，说到一个在母亲的照料下完全丧失生存能力的大学生，他想死，但没有能力去死，只好央求母亲："妈妈，我不想活了，你陪我一起死吧……"

共生体关系的另一个特征是父母限制甚至取代孩子的经验，把自己的经验强加给孩子，而且坚定不移地相信，这样做是为了孩子好，可以让孩子吸取教训，少走弯路，不受上一代人的苦。

曾经有一位女性，在高中时期，到图书馆看书时受到一个老图书馆员的性侵害。这个创伤经验对她的刺激很深，给她造成了长期的心理冲突，后来也没有得到根本的处理，就一直存放在内心。

后来她结婚成家，生了一个女儿，那压抑在内心的创伤经验在这时开始对她说话，她开始担心女儿的安全，害怕女儿会有同样的遭遇，于是不断提醒和警告女儿："不要到图书馆去看书""要防备身边的老男人""到同学家要当心他们的父亲和爷爷"，等等。

这样做的结果是，女儿对男性产生莫名其妙的恐惧，跟同学的交往也受到影响，甚至，如果这位母亲的无意识行为没有得到提醒，还会继续下去，进一步强化女儿的恐惧，以至于给她将来的人际关系、恋爱、婚姻造成问题。孩子也可以有自己的经验，需要在自己的经验里长大，而这位母亲却不自觉地把自己的经验与女儿的生活混为一团，以为自己的经验就是女儿的经验。

小马过河是一个人们耳熟能详的寓言，其中的寓意十分丰富。妈妈让小马把半袋麦子驮到磨坊去，但有一条河拦住了去路，小马不知道如何是好。他问老牛伯伯，老牛伯伯说："河水很浅，刚及我的大腿。"他正待要过河，松鼠老弟向他喊道："河水很深，我的同伴前天过河时淹死了。"

老牛和松鼠讲的都是自己的经验，这些经验对他们自己来说简直是"真理"，但对小马不是，小马在经验上没有"分别意识"，因此困惑。许多父母也没有这种"分别意识"，因而把自己的经验当作"真理"强加给孩子，反而阻碍了孩子去发展自己的经验。

这给我们带来一种文化意义上的启发，越是封闭的文化意识，越会把自己的经验作为标准，不能向不同的经验开放。有太强的共生体意识的妈妈需要向小马的妈妈学习，一方面了解小马的处境，一方面鼓励小马："孩子，你自己去试一试。"结果，小马就自己试着从河里蹚了过去，并从中获得了自己的宝贵经验："原来，河水不像老牛伯伯说的那么浅，也不像松鼠老弟说的那么深。"这种直接经验对小马来说才是最为重要的，它高于世上一切的"真理"。

　　孩子可以有自己的感受，但在共生体家庭环境里，一个孩子很难有自己的感受，很难发展出独立的感受能力，因为在这里只允许有共生体的感受，不允许有个体的感受，个人的感受是不重要的，也是不安全的，因此，个人的感受就和家人的感受混为一团，无法分开。共生体家庭的父母可分为专制型父母和溺爱型父母。专制型父母会用自己的感受替代孩子的感受，溺爱型父母会把孩子的感受混同于自己的感受，二者都不留空间让孩子自己去感受。因此，在共生体家庭里，个人不能独立享受快乐，甚至也没有属于自己的痛苦，他必须选择所属家庭的快乐和痛苦，与家人同喜同悲。

　　有一个求助者曾这样向我描述她的共生体家庭的关系

状况：

　　我们的家庭无法独立，跟父母原来的家庭扯在一起，如同一团乱麻，理也理不清。从我很小的时候，父母就跟爷爷奶奶、叔叔姑姑们闹纠纷，我妈不停地唠叨，把所有负面的情绪都倾倒给我。其实我不想听，但我是她女儿呀。她说她做的一切都是为我好，如果我不关心这些，她就不断指责我，"你也不是我们家的人，什么事都不烦"。后来，我就变成了一个特别能"烦"的人，为家里鸡毛蒜皮的事烦得不行，不想烦也不行。到了外面更是这样，别人对我的一举一动，哪怕一个眼神，都会影响我的心情。我丈夫说，我父母的缺点都印在我身上，我的缺点都印在我父母身上。他觉得这个家庭很奇怪，我父母都是不独立、不自主的人，我也是。

　　共生体家庭会给幼小的成员造成很深的不安全感，使孩子过分依附父母，不是因为爱，而是因为怕，不是因为弱小需要支持，而是因为自身不能独立。

　　一对夫妻带着女儿前来求助，女儿23岁，大学未毕业就躲回家里，三年过去了，坚决不愿出门。这种焦虑在当事人幼小的时候就已经渗透了她的内心，她每天都害怕去上学，担心亲人会在她上学的时候发生不测。她记不清楚有多少次，坐在课堂上的时候，她突然想到妈妈会不会死了，就冲出教室，跑回家去。

我们探索后发现，她内心里有很深的焦虑，害怕失掉亲人，害怕在自己离开家的时候，亲人会突然死掉。这是一种共生体性质的死亡焦虑，因为从共生体关系来看，亲人死亡就意味着自己的死亡。

共生体家庭的父母不喜欢孩子身上的特别之处，认为这不安全，会带来灾祸，因此会对之加以无情的打击，结果孩子害怕跟人不一样，不敢表现自己的独特。在现实生活中，他们出于安全的考虑，会压抑内心里独特的要求，让自己逃避成长，但成长的渴望又会不断冒出来，强烈要求他们表现自我，成为独特的自己。这时他就陷入冲突之中，只好求助于潜意识为他提供一个逃避之所——神经症。这不能帮助他解除冲突，只不过把他的现实冲突变成了虚幻冲突，他脱离了成长的痛苦，进入了神经症的痛苦。

自我成长的一个重要任务是发展责任意识，但在共生体家庭里，责任意识的发展会受到阻碍，因为父母不让孩子承担自己能承担的，不让他做自己能做的，或者相反，父母让孩子承担自己不该承担的，做自己不该做的。这不能使孩子发展出适当的责任意识，反而会使他把责任当作负担，只要有机会就会逃避责任，或者相反，这会在孩子身上造成扭曲的责任感，使他不加分辨地承担一切，把整个家庭共生体的责任都扛在自己身上，动辄以天下为己责，从而合理逃避了个体应尽的责任。说到底，还是不负责任的。

有一个人在工作单位待了一段时间，最后还是逃回到她的共生体家庭中去。她这样表达，在她的家庭里，要倒霉，大家都倒霉，自己就不用烦是倒霉还是不倒霉了。父亲不快乐，大家都不快乐；父亲快乐，她也跟着快乐。一切都不用她费神，她只要把自己放在一个系统里，被这个系统带动就行了。她不要自己去判断，不要自己去选择，不要自己去做任何决定，不要自己去承担任何责任，不要去努力成长和成为自己。在家里，只有共生体的责任，没有个体的责任，天塌了有个儿高的顶着，因而她可以心安理得地逃避。

共生体家庭的父母会不适当地满足孩子的需求，在孩子内心里培植一种强烈的欲求，而他们的自我又很脆弱，承受不了"别人比我强"的刺激，内心里想竞争，但不敢采取竞争的行动，只是在心里跟别人比来比去，把对方比得越来越强大，自己比得越来越不行，最后只好带着一个长期被耗损的自我躲回家里去。我问一个求助者："回到家里快乐吗？"回答是："回到家里也不快乐。我这个人很容易不快乐，在家里待了一段时间，也有不开心的事。因此，我躲来躲去，还是找不到一个安乐窝。"

这让我想起卡夫卡的一篇小说，叫《地洞》，述说的是一个不知名的动物，内心里感到不安全，不管走到哪里，都怕受到其他动物的攻击。它决定在地上打一个洞，以为躲起来就安全了。它花了很多时间，费了许多精力去打洞，洞打得很深，洞口掩饰得很好，还在洞里储存足够的食物，但待在里面依然很不放心，总觉得周围有"嗦嗦"的声音，似乎别的动物也在打洞，要来攻击它了。其实，这个洞就在当事人的内心里，因为内心不安全，不管躲在哪里，都不会安全，都感到烦。

夫妻关系本是家庭系统的核心，但有些女性不能从丈夫那里获得情感的满足，就把一腔热情投向孩子，与孩子形成母子共生体。

有一位母亲，自幼是孤儿，嫁给一个脾气坏又酗酒的丈夫，因为时时受到责骂和殴打，遂将情感转移到女儿身上，与之建立共生体，把丈夫排斥在外面。结果，她跟丈夫离婚，女儿出现心理问题。此后，母亲就一心照顾女儿，带女儿去医院治疗，监督女儿吃药。女儿辞掉工作，母亲就把家安排好，还通过特殊关系为女儿办了残疾证，让女儿每月领取几百元的救济金。这个母亲已经做好准备，让女儿待在家里，她照顾女儿一辈子。后来女儿接受心理咨询，虽然遭到妈妈的各种阻碍，她还是从心理症状里走了出来，开始了恋爱、结婚、做事，最后她把化妆品生意做得红红火火。当然，她的生活中还会遇到困难，却是合理的困难，而不再是心理症状的困难。

还有一位青年，在国外某名牌大学读博士后，因为是在共生体的家庭环境中长大，虽然远离母亲，但在他内心，母亲一直占据支配性的位置。他结婚时，母亲依照自己的身材制作了一套旗袍，坚决要求他的新婚妻子在婚礼上穿，妻子虽然不高兴，但也不敢违抗母亲。结婚之后，母亲把父亲一个人抛在国内，前来跟儿子和媳妇住在一起。儿子虽然担心，也不敢提出异议。果然不出所料，在此后的几年里，母亲跟媳妇之间进行着一场争夺战。

她对儿子说"你是我生的"——这话是在表达一种所属关系。她还对儿子说"妈妈把你培养长大受了多少苦"——这话又是在表达一种资格或权力。她对儿子说"我后悔生了你"——这话表达的是一种失望和威胁，目的是刺激儿子的内疚感，在他的内心里诱发回归母体的依赖。

心理咨询室是一个瞭望塔，从这里看去，在人类的社会里，有许多个家庭，其中隐藏着一个病人；在那里，有一个母亲在牺牲一切照顾着孩子，为孩子提供一切。这使人不觉联想到胎儿在子宫里的情形：一种共生体，一种寄生关系，一种彼此依赖、谁也离不开谁的状态。这样的家庭是一个个"病场"，却缺乏来自社会的真正援救。此类案例简直数不胜数。

母腹的象征

他知道回到母腹是不可能的，但他却可以从生活场中退出，躲回到家里——在家里，总有一个人，尤其是母亲，会照顾他，保护他。这时，这个让他受到保护和照顾的家，就成了他置身其中、逃避成长的母腹。

生命孕育于母腹，条件成熟了，就有力量推动胎儿脱离母体，进入世界。世界是一个陌生恐怖、充满艰难的环境，人类出生有一种基本情绪便是恐惧，恐惧的本能反应便是逃避。生命历程是从一串哇哇大哭开始的，不管多么不情愿，再也无法回到母腹。"母腹"代表着天然的舒适与依存，但人必须出生和成长，"成长"意味着经历艰难，发展自主。出生之后，个体保留着与母体混为一体的经验，在生命内部形成强大的本能：在世界上遇到不适的时候，就想逃回到母腹。但在生命内部还有一个成长的渴望，它像逃避的本能一样强烈，其中还有丰盛的潜能，推动个体去面对和处理人生过程中的各种艰难与恐惧，去成长和成为自己。

因此，人性里有两种基本倾向或动机：一是要求成长的渴望，二是逃避成长的倾向。成长的过程中包含着一些基本事实：（1）个体必须与母体脱离；（2）世界不是母腹，其中充满艰难；（3）人在艰难里经历成长，通过自主选择，最终成为自己；（4）父母养育子女的目的是让他们成为独立的个体，等等。

在直面心理学的治疗理念里，心理症状有一个象征性的本质，即人不堪世事艰难，要逃回母腹——生理、心理、精神意义上的舒适区。治疗师常常会面对这样的情况：当事人会把问题归咎于发生的事件、他人、环境，包括责怪自己，却不愿从自身做出改变，还有其他的期待。有的治疗师会直接指出："那怎么办呢？一切都发生了，已无法改变了，你又不能回到妈妈的肚子重新出生一次。"他知道回到母腹是不可能的，但他却可以从生活场中退出，躲回到家里——在家里，总有一个人，尤其是母亲，会照顾他、保护他。照顾和保护久了，他就在心理、精神，甚至生理上经历某种"退行"，让自己回到了幼儿状态、婴儿状态，乃至胎儿状态。这时，这个让当事人受到保护和照顾的家，就成了他置身其中、逃避成长的母腹。

这里也有母亲的挣扎：她是选择满足孩子追求舒适、依赖的逃避本能，还是有意识地去支持孩子经历困难、发展自主的成长倾向。母亲对孩子有本能的爱，这种爱的基本动机，就是排除任何对孩子造成威胁的因素。对于一个怀孕的准母亲来说，孩子在腹中是安全的，让她感到安然无忧，虽然给她造成行动的不便，她也感到幸福和充实。但那一天终于到来，胎儿脱离母体而生，母亲的痛苦何止只是身体的，其中还有无奈和痛惜——听凭一个稚弱的生命从自身产出，进入一个充满不测的世界。这种无法挽留的情绪混杂着无以言表的担忧和亲眼看到孩子出生的喜悦。

此后是养育孩子的漫长过程。如果一个母亲在个人成长的过程受到伤害，而这些伤害又没有得到处理，反而被压抑到潜意识中去，这些创伤的经验可能会强化她对孩子本能的爱，使她在养育孩子的时候，严重限制孩子的活动范围，不让孩子尝试不同的经验；满足孩子的诸多需求，但对孩子成长的需求却忽略不顾；对孩子成长有益的事，她会包办代替；孩子在不同的年龄，需要对世界有更多的探索和了解，她却出于安全的缘故严加限制。她尽一切努力把孩子的生活环境营造成一个天堂，甚至要求孩子的内心世界也如天堂一般纯净，而不忍心看到孩子有一丝的痛苦和杂念。因为担心孩子遭遇不测，她会把保护范围延伸到孩子所去的任何地方；因为害怕孩子跟自己脱离，她会限制孩子的自我成长，要求孩子在心理、思想、情感、精神上跟自己保持一致，二者融为一体。

当一个母亲做这一切的时候，她对自己的行为动机并不觉察，她会用这一切来证明自己是一个好母亲。但从象征的意义上来看，她受到潜意识的控制，在创造一个人为的母腹，并且用过度保护与照顾的行为，把孩子带回到自己的子宫。

我们来看一看这个案例：

一位焦头烂额的母亲为儿子的事（儿子坚持不肯来）前来寻求心理咨询，在她的讲述里，我看到一个为儿子牺牲一切的伟大母亲，但在她那爱的行为背后，我却分明看到，她的儿子正在经受一个渐渐被损害和毁掉的过程。从事情的一面看，一个儿子有这样一个母亲，该是多么幸福；从事情的另一面看，谁要是成了她的儿子（这又是不由自己选择的），那该是何等的不幸。

从小到大，这个儿子被母亲"爱"着，又暗自反抗着，反抗而愧疚，愧疚而放弃，终于"病"了。高中毕业后，儿子选择到另一个城市读大学，母亲每天给儿子少则打一个电话，多则打五六个电话。大学毕业后，儿子选择到国外去留学，母亲仍每天给儿子打电话，少则一个，多则五六个。这还不够，后来母亲干脆提前退休，不顾儿子的反对，到国外去陪儿子读书。儿子不让母亲跟他住在一起，母亲就住在另一个地方，不放过任何一个照顾儿子的机会。

再后来，儿子就出现了心理问题，荒弃学业，失掉了留学生的身份，被遣送回国。父母感到很没面子，不敢告诉邻居和亲戚，几个月不让儿子出门见人，郁闷不堪的儿子只能在夜深人静时，戴着帽子，竖起衣领，把头脸罩得严严实实，像幽灵一样下楼去外面闲走一圈。平日里，儿子把自己关在房间里，母亲则像一只母兽一样在门外转来转去。她对儿子有各种各样的担心和猜疑，去查儿子的通话记录，还假装打错电话去拨打那些号码，一个个试探一通，遭到对方斥责又几乎气晕过去，更加觉得找到了儿子交友不慎的证据。

终于，儿子央求说他已经27岁了，想搬到外面去单独住，母亲哪里放心得下，坚决不允许，父亲也不答应。儿子只好住在家中，偶尔要出门办点事，母亲就说："反正我闲着没事，跟你一起去。"儿子愤懑不已，就在街上毫无目的地东跑西跑，母亲跟随其后，不即不离。到了最后，儿子只得离家出走，父母立刻动用所有社会关系，很快就查到儿子住在某个城市的一个小宾馆里。当这对父母带着警察在儿子面前突然出现时，儿子的眼神里充满了绝望和仇恨。

而对儿子的这些反应，母亲完全无法理解。因为实在无法理解，这位母亲在咨询过程中反复向我求证一个疑惑：他是不是有精神分裂症？我只能在心里说：很快你就会达到目的，把儿子逼成精神分裂，你就有理由照顾他的一切了。

看着这个脸相很苦的母亲，我问了她一句话："你在这个世界上生活，现在到了50多岁，能不能告诉我，除了儿子，你有没有自己的生活？""没有。"她回答。我接着说："如果你没有自己的生活，你儿子就很难有他自己的生活。"这话她也听不大懂，因为她被本能的爱控制了。

如果把这种爱定义为本能的爱，似乎也不恰当。因为在人类的理解里，动物是靠本能去爱，但是在这种本能的爱里，却有培育幼崽使其具有生存能力的意识，我常举的例子是老鸟让雏鸟试翅，老虎教虎崽捕食，但在一些人类的父母身上，这种动物都具备的意识却丧失殆尽了，他们对孩子只有担忧，以及由此产生的过度保护与过分照顾。这与其说是出于爱，不如说是为了控制。如果大家不在意多加一个名词，我们可以称之为"子宫情结"。

从案例中我们可以看到，一些年来，孩子内心里有强烈的成长和长成自己的渴望，他想像小鸟一样去试翅、像虎崽一样去捕食，因此他要离开家，进入更开阔的世界中去，摆脱父母的羽翼，为自己争取更大的成长空间，为此他甚至不惜抗争。然而，儿子的抗争却让这位母亲惶惑不解，担心不已，更是加强了防范与控制，而且是以爱的名义进行。这又会消解孩子的抗争，甚至使孩子因为抗争而感到内疚，于是妥协，进一步压缩自己的空间。

一个人在成长的过程中，需要经历合理的反叛，表明他在争取成为自己。但是，如果他的反叛一直受到压制，就会使他经历持续不断的"是直面还是逃避"的冲突，如果他处理不了这种冲突，就会把它变成一种症状。心理症状往往是一种象征性的反叛，与成长的反叛不同，这种症状的反叛不是要成为自己，而是不知道如何成为自己以致选择毁掉自己。

在研究统计方面，没有确切数据显示父母的人格障碍与孩子的心理障碍之间的影响关系，但每一位治疗师都会在自己的临床经验中发现大量的案例，显示父母的人格障碍给孩子造成了心理障碍。有人格障碍的父母对孩子进行极端控制，孩子在控制之下苦苦挣扎，直到发展出心理障碍。相当普遍的是，父母对孩子的控制总以爱的名义进行，或者把控制与爱混为一谈。

在人类的基本恐惧中，有一种是怕被吞吃的恐惧。在一些母亲身上，那种受潜意识所蒙蔽的母爱，本身就是一种吞吃孩子的行为。儿子试图摆脱，但还不够强大，就被母亲带回去了。但我内心里也渐渐有了信心，因为我看到，虽然当事人暂时退回了，但他在那里积蓄着力量，会坚持成长。因为有那么一段时间，他通过心理咨询，对自己有所发现，对自己的力量有所确认，这一发现和确认很重要，就像一粒种子，落在他的内心，在那里随着时间暗暗发芽，慢慢长大，变得强劲而有力。他会暂时陷入困难，但他还会从中走出来。当他再一次走出来的时候，他的力量会更大，具有一种义无反顾的勇气，冲破阻碍，继续前行。因此，一个心理咨询师需要有耐心去等待，等待那些暂时受阻的人回返。

孩子出了问题，需要接受辅导，他的母亲也需要接受辅导，甚至他的整个家庭都需要参与这个辅导的过程，因为个体问题的背后常常是家庭系统的问题，而母亲的改变、父亲的改变，会带来孩子的改变。带有母腹情结的母亲，在辅导中会经历以下这些方面的改变：

（1）她从本能的爱提升到觉知的爱，把孩子当作一个需要养育的个体，有意识地去推动孩子进入世界进行各样的探索和尝试，从中长出主见，最终成为自己。

（2）她发现了自我，开始过自己的生活，不再试图通过孩子去满足自己的价值需求。

（3）她有事可做，因而给孩子腾出成长的空间，而不是无事生"非"，总是去侵占孩子的生活。

（4）她开始意识到要去改善自己跟丈夫的关系，而不是通过孩子来补偿自己的情感空缺。

在一个世纪之前，鲁迅曾经著文《我们现在怎样做父亲》，其中讲到一个神话中的英雄，他"肩住了黑暗的闸门，放他们到宽阔光明的地方去，此后幸福的度日，合理的做人"。为人之母，如果能够对自身潜意识中的黑暗闸门有所觉察，并且打开它，她便能够放孩子到世界上去创造自己的生活，活出自己的价值。这样的母亲，拥有的才是真正伟大的母爱。

以爱之名的伤害

孩子不是父母生命的替代品，为人父母的天赋职责在于：抚养和辅助孩子长成他自己。

我们现在怎样做父亲

　　小小是个优秀的孩子，至少在她决定退学以前，周围的人都是这样认为的。她在一所重点中学读高三，学习成绩多次名列全班第一。父母对她的期望是考入重点大学深造，将来学有所成，出人头地。

　　从上学期，小小开始频繁地逃学，后来发展到要求退学。在众人的惊异和不解下，小小的父母觉得孩子一定是病了，在规劝无效的情况下多次带小小去医院看精神病门诊。开始时医生认为小小一切正常，直到后来她背诵了一段某后现代哲学大师的语录，于是便被诊断为轻度精神分裂。孩子认为自己没病，可父母按照医嘱监督小小服药。在压力下，小小离家出走了，后来被父母追回。

一场风波虽然暂时平息了，但留在孩子和家长心里的困惑却挥之不去，尤其是关于小小的心理状况以及今后的前途众说纷纭、莫衷一是。带着疑问和好奇的心理，一位记者采访了小小本人。下面是这次采访的部分实录。

时间：某日下午。

地点：某咖啡馆。

采访对象：小小，女，16岁，某重点中学高三学生（现退学在家）。

眼前的小小秀气、文静，衣着朴素整洁。交谈时显得略微内向，但思路清晰，只是在用词造句方面显得比同龄人更为老成、严谨，显示了她的阅读面和接受信息方面的广泛。

记者：有没有具体的事引发你退学的想法？

小小：没有具体的事。以前就不想上课，但为了父母，就是所谓的责任感吧，丢不开父母给了我生命的想法。虽然觉得上课和考试都没有意义，但还是坚持下来了。后来这种想法就说服不了我了。现在我觉得父母不过是给了我肉体，但在精神上无权限制我。

记者：从什么时候开始有退学的想法的？

小小：高二的时候我就不想忍受了，开始背着父母一次次地逃学。

记者：为什么要逃学呢？

小小：我觉得在学校里保持自我太难了，不愿意浪费时间、精力去应付学校和大人。

记者：你的成绩不是很好吗？

小小：是的，我是一个好学生。但我对学习的理解不同，要求保持学习本身的纯洁性。但现实中，学习是为了将来有一份好工作，功利性太强。要我违心去适应这种学习，很难以忍受，觉得精力花得毫无意义。

记者：你是否读过不少课外书？它们对你有影响吗？

小小：有影响。家里人就觉得我是书读得太多了，受了毒害。我读书是因为有这种精神需求，学校的学习不能满足我的精神需求，反而还压制了我，这才去外界寻求精神力量的。

记者：和父母常沟通吗？

小小：我想沟通，但父母拒绝，他们说哲学家都是骗子。我曾给爸爸写过一封十几页的长信，很努力地用他的语言来表达我的想法。我告诉他青春期的精神觉醒是很正常的，他不用担心。我还说他们把我养大不容易，很辛苦。

记者：你父亲收到信后的反应是……

小小：当时他没有和我谈。

记者：谈谈看病的经历吧。

小小：先是去一所大学的研究所看心理医生，后来又去脑科医院看精神病门诊，都是家里人送我去的。

记者：医生怎么说？

小小：开始认为我没有问题，只是有些抑郁，开了一些这方面的药。

记者：那怎么后来说你是精神分裂呢？

小小：我在医生面前背了一段后现代哲学大师德里达的语录，谈了一些尼采的观点，医生就说我精神分裂，让我住院。他们让我躺着，把我的手和脚绑起来催眠，放一种音乐。那种音乐很古怪，没病的人都会被逼疯的。回家后家里人让我吃药，吃了后头疼，医生知道后又加大了剂量，头就更疼了，还浑身酸麻，思维也变缓慢了。其实在这之前也看了很多医生，什么精神科、神经科、抗危机干扰中心之类，医生说我没有病，家里人不相信。

记者：现在家里人采取什么方式对付你？

小小：禁止我看书、写文章，翻看我的日记、信件，禁止我和一些他们觉得不好的同学来往，也找过老师和他们认为学习好的同学来做我的思想工作。父母的情绪也很不稳定，很分裂的，一会儿利诱我去上学，气极了也会暴打我。

记者：他们对自己的价值观和管教方式怀疑过吗？

小小：没有。他们的价值观已经僵化了，觉得是为我好，将来我就会明白的。

记者：平时生活中父母对你是溺爱呢，还是很严厉？

小小：不算严厉，像养宠物一样，生活上照顾得非常周到。

记者：学校的态度呢？

小小：我和老师没有思想沟通。他们觉得我退学是一种堕落。有的老师觉得我读的是唯心主义的东西，中了毒。

记者：也就是说，老师认为来自学校教育以外的思想都是有害的？

小小：是的，他们就这么认为。

记者：你父母是干什么职业的？

小小：算职员吧。他们以前是知青，下过乡，吃过不少苦。自己的岁月被糟蹋掉了，就想在下一代身上补偿。其实我能理解他们，就算打我，我也能理解。但他们不能理解我。我读的是重点中学，考大学不成问题，竞争只是进重点大学的竞争。学生们都很担心，中国人太多，将来怎么找工作啊。我有个农村来的同学，成绩中游，拼命努力地学习，一心想上好大学。我看她这么苦就会有负罪感，我自己对学习没兴趣，还要挤占别人的道路，简直太过分了。

记者：你对将来有什么打算？

小小：我不想这个，不敢想，只是不想虚伪地生活。

以上是南京某报一位记者寄给我的一个案例，希望我对之做一些分析。读完案例之后，我的心情颇不平静。

感慨之一：如果小小是我的女儿

我发现，这个看似简单的案例背后有相当复杂的社会文化因素。我甚至不愿像一个心理医生那样"客观"地分析这个案例，只是把自己放在一个普通父亲的角色问自己一个问题：如果小小是我的女儿，我会怎样？

下面是我的回答。

如果小小是我的女儿，我会感到幸福，感到骄傲——小小聪明，有个性，有独特的思想，是一个资质很高的女孩。作为父亲，我有自己的经验，特别是因为曾经失去了学习机会，我更希望女儿考上大学，走一条被社会认可的路。这也可以弥补我自己的人生缺憾。这是一个父亲的普通想法。

但是作为父亲，我了解到小小从小到大，一直是出于对父母的责任而强迫自己学习，虽然成绩总是名列前茅，但她自己却常常感到压抑。这时，我会想到去跟女儿谈谈，至少让她知道我的想法："小小，爸爸希望看到的是你为了成长，为了成为自己而自觉自愿地学习，而不是为了满足父母的要求而强迫自己学习。你学习的真正动力来自你的内部，在那里，有成长的要求，有成为自己的渴望，你知道自己在做什么，为什么而做，这时，你会感到快乐，感到有意义或有价值。"然而，我是一个普通的父亲，说不出这样好的道理，因此没有跟女儿谈这样的话。

后来，有那么一段时间，我发现小小频繁逃学，作为父亲，我感到难过，甚至愤怒——我相信，这是可以理解的，因为没有父母希望自己的孩子逃学，不是吗？但是，我却不会因此就判定小小是一个坏孩子，更不会说她头脑不正常。凡事都有原因，我会去了解事情背后的原因——不管是什么原因，我都会向小小表明这样一个态度："爸爸愿意听你的理由，也会努力去理解你的理由。虽然爸爸对你期待很高，但也会尽量尊重你自己的意愿。爸爸也会把自己的想法告诉你，但不会强迫你接受和服从。爸爸虽然年长，虽然有自己的经验，但那并不一定是真理。即使它就是真理，真理也不是强迫的呀……"然而，我也没有对小小讲出这样的道理来。

后来就发生了小小退学的事。作为父亲，我的心情不会太好。老师、家人、亲戚、朋友、同事、街坊邻居，一片哗然。作为父亲，我无法理解，女儿怎么会做出这样的选择？但是，我静下来想一想，至少这是一个信号，提醒我该跟女儿谈一谈了。事情可能早有端倪，而我一直浑然不觉。现在让我想想，我有多长时间没有跟女儿有所沟通了。即使女儿的选择是错的，但作为父亲，我一点责任都没有吗？事情发生了，我不能让愤怒控制自己，我要做出理性的反应，不然的话，事情只会变得更糟。

再退一步来讲吧，我是父亲，也是一个普通人，我有情绪失控的时候，面对女儿退学的事，我实在难以接受，因而没有冷静地处理此事。但是，不管怎样，有一件事我不会去做——强行把女儿带到精神病院。我会自我反省一下：作为父亲，我真的一点儿都不了解女儿吗？女儿退学就等于有精神病吗？

好，再退一步。作为父亲，我在一时冲动之下，把女儿送进了精神病院。这些年来，女儿的成绩一直挺好，我对她的期待很高，她突然提出退学，太出乎我的意料，对我的打击实在太大，以至于我怀疑她脑子出了问题。于是我带她去了精神病院。但是，事情到这里还有扭转的机会。当医生诊断我的女儿没有精神问题时，我应该放心，不再继续强逼女儿反复接受精神检查，好像是在逼医生证明我女儿有精神病一样。结果，女儿被诊断为轻度精神分裂，诊断依据竟是她在医生面前背诵了一段德里达的话。事情到了这个地步，简直让人糊涂。作为父亲，我对此一点疑问都没有吗？

德里达是谁？是的，了解德里达的父亲不会太多，但我至少可以问问女儿，这位德里达是个什么人。即使我不想知道德里达是何许人也，也不会对女儿说"德里达是个骗子"，或"哲学家都是骗子"。一个不懂德里达的父亲是没有问题的，但是一个把这位后现代哲学大师称为骗子的父亲，却有问题。父亲这样做，如何让女儿信任与尊重他呢？这不只是无知，如此明目张胆，简直是存心颠倒黑白，存心欺骗。

好吧，作为父亲，也许我会一错再错，以致到了这个地步，但改变的希望依然存在。我把女儿送进精神病院，这弄错了。我说德里达是骗子，这也弄错了。但作为父亲，我至少可以做到，不强迫女儿服药。特别是，当看到女儿服药的痛苦和药物造成的后果以后，我会停止强迫女儿服药的行为。到了这时，我还不反省，更待何时？难道我存心要把女儿逼疯吗？我有权利这样对待女儿吗？听听小小说的这些话是不是疯话：

我在医生面前背了一段后现代哲学大师德里达的语录，谈了一些尼采的观点，医生就说我精神分裂，让我住院。他们让我躺着，把我的手和脚绑起来催眠，放一种音乐。那种音乐很古怪，没病的人都会被逼疯的。回家后，家里人让我吃药，吃了后头疼，医生知道后又加大了剂量，头就更疼了，还浑身酸麻，思维也变缓慢了。其实在这之前也看了很多医生，什么精神科、神经科、抗危机干扰中心之类，医生说我没有病，家里人不相信。

再退一步，已是无法再退了——作为小小的父亲，我做了上述的事，心里会感到愧疚。特别是当小小作为女儿，在发生了这一切的事之后并没有记恨我这个父亲，还给我写了一封十几页的长信，这表明她依然在努力争取得到父亲的理解。这时，不管怎样，我都会去跟女儿谈一谈。如果我不理解她为什么要退学，至少可以听听她解释一下为什么要这样做。先不管对与错，为人之父，我心里至少还有一个底线：即使小小退了学，她还是我的女儿。如果在这个时候，还如此铁石心肠，我配为人父吗？

我不会这样做父亲。

感慨之二：我们怎样做父亲

我不是小小的父亲，我是这个世界上另一个小生命的父亲。这个小生命的名字叫尘尘，他六岁。就在今天早晨，读到关于小小的故事之前，我和妻子还在感叹，尘尘一定会为有我们这样的父母而感到幸福和幸运，就像我们为有尘尘这样的儿子而感到幸福和幸运一样。我们的尘尘像上

面故事中的小小一样聪慧和自由。

有诗人说：小孩是成人的父亲。这话不能从人伦的角度理解，它的意思大概是指：通过做小孩子，我们才长成大人；通过理解小孩子，我们才理解人，才会变得成熟起来。我个人的经验是，我的儿子正在以他的成长教会我理解人的身体与心灵，让我在心智和精神上渐渐长成一个成熟的心理咨询师。

我想起马斯洛的故事，在他早期接受生物学训练的时候，他对生命的理解是相当行为主义的。但是，他儿子的出生给他带来极深的震动，使他惊叹生命原来是一个奇迹。尘尘给我带来的就是这样的惊叹。自他出生以来，让我见识到了一个生命不断流露的丰富、深远、神秘和伟大，这让我又惊叹、又敬畏、又谦逊。虽然他是那么幼小和稚弱，但他代表的生命内涵绝不在我的知识之内，更不在我的控制之内——我没有权力控制他，只有义务爱他，让他学会自然地生活，学会爱。教养的基础是助人成长的爱和对生命独特性的尊重。

那天，读了小小的故事，我想起尘尘曾经这样问我："爸爸，现在我的灵魂是用我的眼睛在看世界，如果我死了，我的灵魂会用什么去看世界呢？如果我的身体没有了，我的灵魂还是不是我？"我惊讶，这样的问题从何而来？

他的知识和经验都不会是它的来源。我试图回答他的问题，尘尘认真在听，最后他说："我还是不明白。"其实，是我无法说得明白。

我因而想到，这样一个小小的人儿，是什么让他在关心灵魂与世界的问题，而我们成人早已把这样的问题搁到不知哪个角落里去了。我又想到小小，在她的成长过程中，一定也有这样的问题，这会不会被她的爸爸认为"莫名其妙"，斥为"头脑不正常"呢？我有些担心起来，尘尘读小学、初中、高中，他会去想小小现在所想的问题，会从一些书里去探索答案，他的老师会不会责怪他中了唯心主义的毒呢？我着实担心。

又有一天，尘尘跟我聊天："爸爸，我知道你朋友的名字。"接着他就一个一个数，"殷宏韬、陈永涛、王忠欣、姚英永、鲁迅……"这些都是我当时常常提到的名字，其中竟还有鲁迅。读了小小的故事，我开始怀疑，这类父母会不会对他们的孩子说："鲁迅是个骗子。"这个担心并非毫无依据。既然德里达被说成骗子，既然尼采被看作骗子，谁能担保鲁迅不会被人称为骗子呢？何况，鲁迅年轻时因为尊崇尼采，还被人称作"中国的尼采"呢。甚至有人说，鲁迅因为崇拜尼采而苦学德文，一生都蓄着尼采式的胡子……这一切都足够被这类家长、老师们判为骗子了。

读了小小的故事，我还担心，当尘尘长到小小的年龄时，环境还是这个环境，周围还是这样的人，现在强迫小小的习惯势力将来还会存在，在对付小小之后，会来对付尘尘……但有一点不同的是——作为尘尘的父亲，我会站出来支持他。不管有多少家庭和学校要从孩子身上榨出怎样的"成功"，如果这种做法是以牺牲孩子的灵性和个性（自然、自由、创造性、自发性、快乐、价值感）为代价，我都会站起来反抗。我会管教孩子，让他养成好的习惯，让他学习遵守真正的规则，但我也会尊重他，包括尊重他犯错误的权利——他需要在犯错误中成长。我会尊重他作为小孩子的权利，包括玩耍的权利、依赖的权利、幼稚的权利，但我也会有意识地做到不溺爱，不过度保护，不包办代替。成长的过程不是一帆风顺的，常常伴随各种各样的烦恼和苦痛，孩子必须自己去承受合理的受苦，因为他要长大。

正像小小所说，我对尘尘"在精神上无权限制"，相反，出于尊重的缘故，我会限制自己的权利。尘尘做了一件错事，这事让我伤心，但这不意味着我有权利随意处置他。我的管教方式必须基于这样一个原则——有利于他的心理成长。上学读书是尘尘成长的一个方式，他需要努力做好，但我不会强迫他去填补我自身的缺憾，或者让他以自己的成功为我撑足面子。尘尘是一个独立的个体，他需要沿着他内心的渴望去成长，去长成自己，去完成赋予他生命的独特使命，这被马斯洛和罗杰斯（提醒：不是骗子）称为"自我实现的趋向"。但是，尘尘不是我生命的替代品。自从这个独特的生命来到这个世界，我的身份就变成了一个父亲，就承担了一个天赋的职责：抚养和辅助他成长——不是长成我自己，而是长成他自己。

尘尘在成长着，他可以有自己的秘密，我不会禁止他看书、写文章，不会去翻他的日记、信件，不会用"这是为了你好"去诱逼他就范。我会给他留下成长的空间，相信他会按照内心的智慧去做出选择。

我已经充分看到，在这个世界上，有许多损害是以"这是为了你好"的名义进行，以致到了这样的地步：父亲因为儿子成绩不好就把儿子打死了，声称的理由是"还不是为了他好"。

如果真的是为了孩子好，作为父亲，首先应该尊重他，而不是利诱他、暴打他。有的家长说："我用民主的方式，但这不管用……"我想说，暴君使用专制的手段奴役百姓，用的是同样的理由。民主不是手段，它的本质是天赋的尊重与平等、天性的爱与信任，以及在这个基础上建立起来的规则。

随着尘尘一天天长大，我一天天变老。但我并不认为人变老了，他的价值观就一定变得僵硬了。世界上有许多价值观并不僵硬的老人，也有许多价值观很僵硬的年轻人。我相信与时俱进，这"进"的本质就在于"变"。作为父亲，我不会用一成不变的条条框框去限制尘尘，我会跟他解释什么是唯心主义，什么是唯物主义。我会从本质上去看，什么是对生命成长有益的，什么是对生命成长有害的。

感慨之三：心理咨询师的文化关注

读了小小的故事，我感到小小不但聪慧，还有独特的个性、独立的思想和自由创造的精神，她显得不大适应现行的教育模式，虽然她的成绩又证明她能做得很好。如果教育出现了极端功利化倾向，以升学为目的，以灌输知识为原则，视知识为至高无上的，就会挫伤学生的个性和创造性。曾听到一位中学教师如此感慨："许多年来的教学经验给我最深的感受是，每个学生都是独特的，而我们有时却把他们像一堆泥鳅一样装进同一个麻袋里。"

小小面临的冲突是社会强求她成为一个高智能型的学生，但小小却拥有强烈的创造性要求，更有可能长成一个高创造型学生。创造能力强的学生往往有这样一些特点：不大承认权威，敢于挑战传统观念，渴望发展自我价值，喜欢批评教科书和老师、家长的话，等等。面对这样的学生，刻板的教学模式会显得生硬、无趣、缺乏想象力。有些老师和家长对之穷于应付，可能会强撑门面，最后可能联合起来，采用强压手段，制服一个个独特但力量尚弱的人才。我们一定要警惕这种情况的发生。

从案例反映的情况来看，小小是健康的，甚至比我们生活中的许多人，更具情感、智慧和创造力。这个健康的生命正在经历她所说的"青春期的精神觉醒"，她真实而忠诚，要求为意义而活。她身上显现出一种个性的力量，让她坚持要求成为自己，并且为此战斗和挣扎。她有非同一般的理解力，这来自她的内在智慧，来自她在学校教育的知识框架之外的广泛阅读，甚至来自她的某种特殊禀赋。她看到父母和老师受制于其中的条条框框，不愿把自己的生命也置于那些条条框框之内。如果一个孩子表现出独特的计算能力，我们视之为高智能表现，而小小身上存在一种独特的思想能力，这是一种高创造表现。我们的社会对这两种不同类型的孩子应该一视同仁，予以培育和扶持，而不是抑此扬彼。我想，或许小小将来会长成中国的德里达呢。

一个民族需要科学，但科学不只是知识框架里的东西，反而是精神自由的产物。相对论不仅是一种数理计算，它达到了哲学的高度，是对宇宙的本体性和本质性的思考。爱因斯坦曾说，对于科学来说，最重要的是想象力。然而，令人悲哀的是，当小小表现出某种与众不同的"精神觉醒"，内心释放出自然的想象力时，她仿佛触犯了天条，许多人在她的周围聚集了一股力量，逼她就范于某种既定的框架。

当一个孩子身上表现出一点与众不同的东西时，众人（老师、父母、周围的人）可能会责难他："所有人都像你这样怎么办？"这话里隐含着一种群体性的威胁，用假设中的"所有人"来压制一个具体的"个人"，强逼其放弃独特，抹杀自己，去跟所有人一样。与众不同等于危险。如果这话再追究下去，与众不同的人就是异端，就是精神病，就是疯子。"所有人"就有理由来指责你的与众不同，强制你跟他们一样。崔健的《假行僧》里有一句歌词说："我不想留在一个地方，也不愿有人跟随。"这是个性解放的呐喊。

可以想象，小小的路很难走，尘尘的路也会很难走，许多孩子的路都会很难走——除非他们放弃自己，融入群体之中。他们还是孩子，正在成长的过程中，思想显得单纯和简单，自我意识还不确定，个性上存在很容易看出的弱点。如果受到太多的压制，他们很容易受挫伤，然后把真实的自我压抑下去，戴上社会价值铸造的人格面具去应付人生。

心理咨询面对的是个体，但我在个体身上看到来自社会文化的影响，而文化的更新与生命的健康成长是不可分开的。社会需要提供足够的精神成长空间，让每一个孩子得到支持，使他们能够坚持成长，经历生活的困难和内在的觉醒，并且有力量、有兴趣、有热情，实现自身的价值，过得幸福，最终成为自己。但在目前的环境里，我们还必须像鲁迅在《我们现在怎样做父亲》一文里所说的那样："肩住了黑暗的闸门，放他们到宽阔光明的地方去，此后幸福的度日，合理的做人。"

后记

我写完此文是 2002 年年底或 2003 年年初，此后不久，文中提到的"小小"来到直面心理咨询中心，接受我的辅导。一段时间以后，我接到她的一封来信，说现在已到北京某大学读书去了。她在信中还说，她一直都在网上读我写的文章，坚持成长着。

蜕变：乖顺人格的心理机制

一个 26 岁的女子，自幼生活在母亲的严格控制之下，让自己变成一个让母亲四处称道的乖乖女。但在后来——出乎所有人的意料之外——她选择了一个让母亲最不喜欢的人做男朋友，甚至，从某种意义上说，她把男朋友变成了一个让母亲最不喜欢的人，给母亲造成致命的打击。

爱与规则

郑渊洁曾发惊世之语："教孩子听话是犯罪。"这话是一种极言，就是把话说到极端处，以引起人们的关注，达到警世的目的。直面的经验证明，如果教育过于强求孩子听话，会影响孩子的个性成长，损害其自主能力的发展。

从世界历史来看，如果教育意在造就顺民，这实为国家的不幸，因为它同时也在暗中培植暴民。一个国家真正的力量，在于国民有头脑，有品格，能自由思考、自主选择，有更多的空间和途径来发挥自身的资源，而这样的国民，是在民主的环境里培育出来的。

在孩子教育方面，家庭与学校应是民主的摇篮，但在专制性的教育环境里长大的人，可能成为专制的土壤。可惜的是，在个别父母和老师的理解中，民主就是放任，就是不管孩子，结果孩子出现了各种各样的麻烦。他们把民主当成工具，也会在教育孩子中使用一通，然后出来作证——民主没用，反而会让孩子变得无法无天。相反，他们发现，专制的教育方法倒很管用，而且用起来方便，结果却给孩子造成压抑，导致各样的情绪问题和心理障碍。

一直没有找到更好的路，究其根由，在于他们对民主与专制的理解是有问题的。许多人以为，专制是讲规则的，民主就是自由，自由等于不讲规则。其实，民主讲自由，也讲规则，而且尽量让规则符合人性，从而保证自由的空间。民主的本质是对生命的尊重，因而给生命成长提供更大的自由空间，而专制的本质是利用生命，把他人的生命当作实现自己目标的工具，因而限制生命成长的空间。

在直面中有一个重要经验，对孩子成长来说，最好的途径是爱与规则的教育，用爱跟孩子建立关系，在关系里为孩子设立规则。民主的家庭教育包含两个要素，就是爱与规则，在这种家庭氛围中，孩子得到健康的成长，渐渐长成自己。

在直面的经验里，我们发现一个最普遍的现象，在孩子的问题背后，有两种家庭环境和父母类型——专制型和溺爱型。简而言之，所谓专制，就是只有规则，没有爱；所谓溺爱，就是只有爱，没有规则。真正的爱，必须是有意识地建立规则，达到让爱的对象成长的目的。专制型的父母和溺爱型的父母，都会损害孩子的自我意识，这样的父母，他们潜意识的目的就是不让孩子成为自己，但反而让孩子成为父母的复制品。这样的孩子，往往把父母身上某种损害性的东西（曾经伤害过他们）传承下来，继续伤害自己和周围的人。

直面的经验里有一个事实，既普遍又让人悲哀——伤害往往不是来自陌生的人，而是来自亲人，是亲人（往往是父母）用不适当的爱造成的。这样的父母得不到孩子的尊重，反而会受到孩子的抱怨与攻击。

许多案例让我们看到这样的家庭关系模式：母亲与儿子的关系过于亲密，对儿子过多保护，包办代替，而父亲成为局外人，对儿子或不管不问，或冷嘲热讽，或粗暴威胁，这种关系就成了孩子发展心理症状的温床。

　　类似的关系模式还如：父亲对女儿过于溺爱，而母亲对女儿过于强求，结果是，女儿不能长大，长期陷入一种冲突——一边是依赖型的逃避（对父亲），一边是决绝型的反叛（对母亲）。还有一种很普遍的情况：专制型父母长期压制孩子，强求孩子，对孩子的合理需求不予理睬，这是一个极端。然而，当孩子出现心理异常，父母会跳到另一个极端，一下子变成溺爱型父母，对孩子言听计从，满足孩子的任何不合理要求。这种前倨而后恭的父母，给孩子造成的损害在于他们用专制的方式在孩子身上培养出症状，然后又用溺爱的行为让孩子把家庭变成了维持和发展症状的环境。

威胁与悖逆

　　直面的经验是从心理咨询室里产生出来的，心理咨询室是社会环境的一个缩影，其中反映出某些个体在家庭、学校、社会上受到的威胁式教育。这种威胁式教育会以各种方式表现出来，常见的方式如对孩子犯的一个小小错误进行灾难化的预测，动辄声称剥夺孩子的某个机会、权益、条件，以逼其就范。因为受到各种各样的威胁，孩子变得不敢表达自己的真情实感，不能按照自己的意愿去尝试获得直接的经验，只能把自己的心思、意愿压抑到内心。出于安全的缘故，孩子会强迫自己接受一套外在的价值标准，

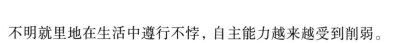

不明就里地在生活中遵行不悖，自主能力越来越受到削弱。

就这样，在威胁中成长的孩子变成了乖顺儿，但在表面的乖顺下，却酝酿和累积着反抗的情绪。那些被压抑的意愿因为长期不得伸张和实现，就在内部长成一种暗中抵抗的倾向。我们把它称为"倔根"。

乖顺儿的内部往往有一个很深的"倔根"，从"倔根"上长出来的行为往往是当事人像机器一样接受指令和执行指令，对之不加思考，也不会真心去做，他做的一切就如同"小和尚念经，有口无心"。表面上他在照章执行，但他的内心正在经历一种抵抗，做着做着，就不由自主地偏离了指令，甚至行为与指令背道而驰；如果遇到新的情况，他就会变得茫然无措。

在威胁式教育下成长的孩子，慢慢变成了乖顺儿，乖顺儿往往是无心的人。他们采取某一种行动，不是出于真心，而是出于恐惧，为了安全，他们不断违背自己，迎合他人，在这样的过程中，他们变得越来越不真实。他们是戴着面具应对生活的人。表面上，他们像别人一样在做事，在与人交际，甚至看起来很认真、很努力，但从不真正用心，即使他们把一件事情重复了许多遍，也不能从中获得领悟，更不能在方式上有所更新，也不能从做事与人际中获得真正的乐趣。

在许多时候，乖顺儿会四处征求意见，他们这样做，一是为了安全，二是为了给别人看，但他们并不真正明白别人的意思，也不会真心接受他人的意见。结果，他们还是按照自己的意思去做，而且做的方式总是跟别人的意见正好相反。因此，在别人眼中，乖顺儿是阳奉阴违的人，但他们自己不知不觉。

压制与反抗

每个人在成长过程中，都会受到某种压制，都会用相应的方式对压制做出回应。长期而过度的压制会使一个人变得乖顺，乖顺的人习惯于用忍受的方式做出应对，以至于养成乖顺的人格。那种忍受下来的东西会在乖顺者的内部积蓄为一股盲目的叛逆力量，可能采用极端的反叛行为爆发出来。

适度的压力与反抗，有利于个体的健康成长和社会的良性发展，而过度的压力则会激发极端的情绪，由此产生的反叛行为会是损害性的、灾难性的。适度的反抗是为了成为自己，极端的反抗只是为了反抗对方。乖顺的人格类型是受到长期压抑的结果，这样的人不大会成为理性的批判者，很可能变成"与尔偕亡"的反叛者，在反抗过程中，他们会不惜一切。结果，他们或被对方压制和毁灭，或征服对方和毁掉对方，然后自己也变成了对方。

在直面的案例中，有一位当事人选择了一个最不让母亲喜欢的人做男朋友，我们不能说这位当事人是有意为之，但她的行为更多是受到潜意识的驱动，动机深植于潜意识里长期压抑的反叛盲力。我们可以这样看，在很大程度上，她做了这一切，自己并不觉察。当她看到母亲与男朋友为了她而互相厮杀着，她感到痛苦，但在她的痛苦里却又隐藏着一个糖心般甜美的快意，她品尝到了，却不明白，也不敢暴露出来，因为这种快意与她的良心不相符合。事情的结果是，她打败了母亲，争取到了自己的"爱情"，但在跟男朋友的交往中，她的各种行为显示出来，她是一个像母亲一样的专制者。

依赖与攻击

孩子在成长过程中，如果凡事都由父母做主，他们的自主空间会变得越来越小，以致丧失殆尽，这导致孩子在心理上对父母有严重的依赖。长大成人之后，他们会不自觉地跟他人建立依赖关系，他们与人交往带有一个潜意识的目的，就是寻找像父母一样可以依赖的对象，这会使他们在人际关系中不断遭受挫伤，包括在恋爱与婚姻关系上，因为受到潜意识需求的支配，他们同样会试图依赖对方，如果依赖不得，他们会伤害对方，从而导致更多关系的伤害。

乖顺儿类型的人，在内心里有一个最强烈的动机，就是寻求依赖，因此，他会讨好所有人，试图让所有人喜欢自己。如果他人不能满足他的依赖需求，他又会在背后诋毁他们，表现出激烈的攻击行为。甚至，乖顺儿会在两个亲人之间搬弄是非，目的是让双方中的任何一方都跟他建立依赖关系。这会造成两个亲人之间发生互相攻击，甚至形成势不两立的关系。

在前面提到的案例中，那个在母亲眼中的乖乖女，就是这样在母亲与男友之间游走，向其中一方讲另一方如何不好，以此向一方示好。因为不能觉察自己的潜意识动机，她在挑起他们之间的事端之后，自己又会很无辜、很无助地在两人中间躲来躲去，只要有机会，她就会躲在其中一方的背后，表情楚楚可怜又茫然无依。最后，如果只能选择其中一方，她会根据双方各自具备的可依赖实力做出选择，并且，为了抓住其中一方，她会毫不在意另一方，以致给另一方留下毫无心肝的印象。甚至，如果有必要，她会毫不犹豫地站在一方的立场去攻击另一方，从而加强依赖其中一方的条件或可靠性。在乖顺儿的心理机制里，依赖与攻击是并存的，任何被视为对依赖需求有威胁的因素都会成为其攻击的对象。

沉默与爆发

乖顺儿一心要做好人，一心要得到别人的好评，由此不断违背自己的意愿，总是牺牲自己的权益。乖孩子做久了，内心里自然的爱源被损耗了，变得枯竭了，渐渐累积一些怨恨的情绪，使他在生活中一边在表面上顺从他人，一边在内心里怨恨他人。他用忍让、回避的方式强求自己做一个"好人"，但他的内心又很容易受到刺激，一件小小的事情，都会让他产生许多挫伤和愤懑的情绪，就这样在不断忍受的过程中，他渐渐把自己变成了一个受气包。

不知从什么时候起，乖顺儿发展出一个受气包的生活观念——柿子专拣软的捏，周围的人都会欺负我。他用这个观念对自己的生活做出阐释——我过得不快乐，因为别人总是跟我过不去，这真是一个欺人太甚的世界。因此，乖顺儿的心理机制里潜伏着一种危机："不在沉默中灭亡，就在沉默中爆发。"这话引申出来的心理学意义是乖顺儿或者忍受下去，不断在暗中损害自己，这叫内惩；或者久忍而生怨，怨极而爆发，对他人做出过激的损害性反应，这叫外惩。因此，乖顺儿的问题是：要么在沉默中伤了自己，要么在爆发时伤了他人。

是面对还是逃避？

对于乖顺儿类型的人，本来是一件简单分明的事情，却被弄得相当模糊而复杂，原因往往在于，乖顺儿对人对事总持一种猜疑、游移的态度，不敢做出决断。举例来说，有一个求助者，她身上的乖顺儿倾向很强，以下是我们在一次面谈中的对话。

咨询师：假设你在一个饭店吃饭，发现菜里有一只苍蝇，怎么办？

当事人（犹豫了很久才回答）：我就装着没有看见。

她的神态和语气让我感到，这实在是一个让她太为难的问题。这样看来，她为自己选择了一个最省事的方式。

咨询师：那么，你就继续吃那一盘有苍蝇的菜？

当事人（有些紧张起来，继而沿着回避的路朝下走）：那我就对自己说，那不是苍蝇……

咨询师（我在她回避的路上挡住了她）：但那的确是一只苍蝇。

当事人（只好尝试面对这个问题，但态度依然委婉）：我就对服务员说菜太淡了，给我换一份……

咨询师（有点惊讶）：如果服务员只是把菜端回去加一些盐，又端回来了呢？

当事人：那我就对服务员说，这菜里好像有一只苍蝇。

咨询师（继续逼其直面）："好像"？为什么是"好像"？你说的不是事实吗？这样的表达会不会引起对方的误解？你刚才说菜淡，要求换一份，服务员没有换，只是

126

给你加了盐。现在，你又说菜里有苍蝇，他会不会觉得你这是在有意找茬儿呢？

当事人（终于不耐烦起来，大喊一声）：那我就把菜撤了，不在这里吃饭了……

咨询师（这并不是直面，我提醒道）：如果在一开始就直接告诉对方菜里有苍蝇，情况会怎样呢？

接下来，我们通过角色扮演，让她感受一种新的人际沟通方式及效果。再后来，我把这个"苍蝇事件"置放在当事人所咨询的婚姻问题之中让她去反思，在她的婚姻危机里存在着一个隐形杀手——她的回避型沟通模式。当事人渐渐意识到，长期以来，她因为害怕受到惩罚，不愿承担责任，长期待在模糊状态里，不敢直面真实，不能表明态度，凡事首鼠两端，在婚姻关系中造成了许多误解和压抑，当事情发展到不可收拾的地步，最后只得选择用决绝的方式收场，反而导致更多的损害。

不求真理，而求真实

从直面的经验里发展出一个基本观念：人在犯错误中成长。但心理困难的背后却存在一个基本情况——孩子在成长过程中，因为犯了错误，受到了不适当的惩罚，他们从这种经验里也发展出一种基本观念，那就是错误等于惩罚。因此，乖顺的孩子生活在服从里，害怕犯错误，不敢轻易尝试，造成生命经验的缺失，因而感到很不安全，就在生活中四处寻找某种标准，好让自己的生活有绝对的保障。结果绝对的保障没有找到，他们给自己找来了心理障碍。

在我们的理解里，勇敢有一个操作性的定义，就是不怕犯错误。一个人不怕犯错误，才会去尝试，才会在尝试中收获经验，才会让自己在经验的基础上经历真正的成长，渐渐长成真正的自己。我们接触到许多聪明的孩子，也正是这些聪明的孩子容易出问题，因为聪明的孩子最容易犯的一个错误，就是试图让自己不犯任何错误，岂不知，试图保证自己不犯任何错误本身就是一个最大的错误，这个错误导致的结果是他们因为缺乏成长经验，自主能力发展不起来，只好去依赖别人提供的一套法则去生活，也就活不出自己。

教育（家庭与学校）中最大的问题可能就在于，给孩子提供"正确答案"，并让他们依赖这些"正确答案"。可以说，乖顺的人格是这种教育的牺牲品，这种类型的人为此付出的代价是让自己在顺从中变得封闭、狭隘、刻板，不能举一反三，不能透过形式看到本质，创造力丧失，想象力缺乏，看不到生活的多重可能性，时时陷入"非此即彼"的两极思维，甚至发展出"非此亦非彼"的强迫症状——

在我们身边，有这样一批乖顺儿，他们为了获得绝对的安全保障，四处寻求着绝对标准，为此进行着艰苦卓绝的努力，却让自己受了许多没有意义的苦，真是别提有多惨！只有当他们经历了真正的医治，才会发现症状之处原来有丰富的资源，并且敢于确认，前去调用，不再求"真理"，而去求"真实"。因为，真实才有力量。

最后一点提醒

关于乖顺儿的其他性格特征，如"不真""不正""庸俗""忌妒""比较""冷漠"等，这里不一一详论。但有一种情况需要说明：在孩子成长过程中，也有一种"合理的乖顺"，这对生命成长是有利的。相反，孩子身上的不适当叛逆，反而把周围许多好的成长资源排拒掉了，造成生命的单薄。所谓"合理的乖顺"，是指孩子不是为了满足环境的需求而过度违背自己，而是对环境的要求进行选择，把有利的资源纳入自我发展的进程之中，让自己经历一个顺遂的成长。经历了合理乖顺的孩子，可能会吸收到更多的生活资源，会在日后发展成为人类中的优秀分子。

好孩子的背后

　　这又是一个十分典型的父母眼中的好孩子。为了让他安心学习，养成良好品德，父母在生活上对他照顾得无微不至，处心积虑地为他营造一个一尘不染的生活环境。父母担心"近朱者赤，近墨者黑"，不让他跟同院的其他孩子在一起玩耍，以免受到不良的影响。后来他考上大学，父母还不断在耳边叮嘱，要跟成绩好、品德好的学生交往……

　　在直面心理咨询研究所的面谈室里，我接待了许多带着孩子前来求助的父母，他们实在困惑不解，他们的孩子一直那么好——听话、乖巧、懂事、善良、单纯、讲礼貌、讲规矩、成绩好，怎么在突然之间变得叛逆、发脾气、厌学、逃学，害怕跟人交往，以致出现心理障碍。

有一个大学生发展出强迫症，表现为害怕吞咽口水，这让他痛苦不堪，又欲罢不能，最后从大学退学，回到家里。

在他的症状背后，是一个好孩子的成长经历：当事人自幼学习成绩好、听话、懂事、有礼貌。父母对他期望很高，要求很严。暑假里，他常常被父母锁在家里做作业，写错一个字，要重写50遍。考了100分才有奖赏，成绩下降要受惩罚，这给他造成的影响是，"考试我必须得第一名，如果是第二名，就感到内疚，有一次我为差0.5分号啕大哭"。

在生活习惯或品德上，父母要求他坐有坐相，站有站相；走路，手不能扶栏杆；吃饭，嘴不发出声音。他在家听家长话，在学校听老师话，在外面听长辈话，父母说，"大人的话都是对的，都是为了你好"。因此，他总是对人说，"阿姨说得对""伯伯说得对""爷爷说得对""老师说得对"。

探索强迫症的形成原因，我们会发现，它植根于当事人在成长过程中过多受到强迫的经验。从症状的象征性质来看，我们很能理解这个大学生为什么会出现"吞咽"恐惧，我们会看到，这个"好孩子"曾经"吞咽"了多少自己不情愿的东西呀！当这些东西被压抑到内心，积累到一定程度，它们一定冒出来，用某种方式表现自己，这种表现方式，我们在这里可以称为强迫症状。

还有一个大学生的症状表现是做"保险仪式"——这是一种强迫仪式。当事人每天早晨起床，穿上衣服又脱下来，反反复复折腾两个小时。因为在他穿衣服的时候，头脑里出现了不好的念头，他担心这不好的念头会污染衣服，穿上被污染的衣服，他会变成一个坏孩子或邪恶的人。他必须通过"保险仪式"来消除头脑里出现的不洁之念，然后才穿上衣服。但是在他穿上衣服之后，又会担心"保险仪式"做得不够彻底，就只得一遍一遍地做下去。

当事人每天都生活在极度的不安全感里，几年来都在通过这种"个人迷信"的方式获得自我安慰，陷入症状越来越深。

考察当事人的成长经历，很快就发现，这又是一个十分典型的父母眼中的好孩子。为了让他安心学习，养成良好品德，父母在生活上对他照顾得无微不至，处心积虑地为他营造一个一尘不染的生活环境。父母担心"近朱者赤，近墨者黑"，不让他跟同院的其他孩子在一起玩耍，以免受到不良的影响。后来他考上大学，父母还不断在耳边叮嘱，要跟成绩好、品德好的学生交往。进入大学不久，当事人出现强迫症状，父母震惊不已，不停给他讲道理，见没用，又开始指责他，说他心理阴暗，道德太差，没有良心，等等。岂不知，当事人症状背后的本质就是害怕受到污染，以致变成一个坏孩子。这恐怕已经深入他的潜意识，使他选择用这种虚幻的方式进行着艰苦卓绝的努力，目的就是为了保持自己的纯洁无瑕。

许多父母对孩子有非常高的期待，甚至有完美的苛求，巴不得孩子把所有优点集于一身。他们煞费苦心，为孩子创造一个天堂般的成长环境，生怕孩子受到世界上的任何一点污染。结果，他们的孩子变成了从天堂来的人，难以适应这个不那么干净的世界。他们发展出极端的思维和情绪，非此即彼，非黑即白，容不得生活的杂色和自身的"不洁"。他们被各种刻板的规条所束缚，失掉了自由和自主，对这个不确定的世界充满了恐惧，四处寻求绝对的标准，以获得绝对的安全保障。因为这个世界没有绝对的安全，他们只好躲避到症状中去。

是的，在症状的背后，我看到的是一大堆"好孩子"。"好孩子"是父母、老师和周围的人用过度的赞赏、期待、保护、苛求与责罚塑造出来的。他们因为"好"而受到赞赏，享有各种各样的宠爱与特权，这种经验给孩子带来一种仿佛置身于天堂的感觉。同时，他们又因为"不好"而受到责罚，合理的需要也遭到剥夺，这种经验又让孩子感到像被投进地狱一般难受。所有这些给孩子造成的心理影响是：他要成为一个"好孩子"，让自己永远得到赞赏，不受责罚。

　　"好孩子"担心自己会犯错误而被逐出伊甸园，会用父母的"应该"和"必须"来强求自己变得完美，结果变得越来越不敢真实表现自己。

　　"好孩子"太想"好"，不敢"真"，为了维持"好"的名声，不惜付出"真"的代价。一个人内部的"好孩子"越是坚韧，他的真实自我就越难长出来。

　　"好孩子"自幼是所有人关注的中心，所有人喜欢的对象，这在他内心会培养出一种特别感，相信自己是独一无二的，不是一个普普通通的人，因而可以免于普通人会遇到的困难和不幸，整个世界简直是为他而存在的。因此，他们要永远站在成功的高处，让赞赏的光环一直环绕着自己。一旦他的位置受到威胁，他会产生莫名的恐惧，情绪失控，自暴自弃。

　　"好孩子"太过在意别人的看法，太想得到他人的好评，因而会去迎合别人的意思，不敢坚持自己的意见，生怕自己的所作所为不讨人喜欢，就这样，他的自我变得越来越弱，凡事没有自己的看法，也不了解自己真正的需求。

　　"好孩子"害怕犯错误，担心任何一个错误都会毁掉他的完美，因此他不敢在生活中做出尝试，不能在经验中确认自己，会到处寻求一套万无一失的标准。

　　"好孩子"扛着一个社会要求的面具，变成了生活场景中的"演员"。他们与人谈话不是在交流，而是表现"我口才多好"。他们拼命追逐光鲜好看的东西，不是因为自己真正需求这些，只是因为别人喜欢这些，他们追求这些，只是为了夸示于人。

"好孩子"拼命追求知识，追求标准答案，要让自己拥有一些幸福的条件，却把自己的生活变成无法解脱的苦役。虽然他们获得各样的"成功"，却在内心丧失了自己，这就应验了一句话说："获得了世界，失掉了生命。"没有真正的自己，他就面对一种无法克服的虚无感，活不出生命的意义。

最后，提醒天下父母：不要苛求孩子，如果你们的孩子"太好了"，你们在喜庆之余也要当心，因为这个"好"的背后可能隐藏着一些损害性的因素，这些因素会积聚而成为症状。

道理会伤人

在我看来,《大话西游》中的唐僧便是某些父母的代表,他不停地讲道理,讲得徒弟孙悟空实在忍不住了,只好一拳把他打晕过去;讲得连牛魔王的小喽啰们也受不了,只好上吊自杀或用刀捅死自己。可见"讲道理"的杀伤力之大。

孩子出现心理障碍,有些父母把这简单地理解为孩子"不懂道理",总要苦口婆心给孩子讲一大堆道理,结果问题反而更加严重了。他们带孩子前来接受心理咨询,想法大多是让咨询师给孩子多讲些道理。大概在他们的理解里,咨询师是一些会讲道理的人。这些都是对心理问题和心理咨询的误解。

孩子出现心理问题,往往不是因为他们懂的道理太少,相反可能是懂的道理太多了。成长总有困难与烦恼，孩子向父母倾诉的时候，许多父母的回应总是讲一通道理，说许多"应该"和"不应该"的话。结果，大量的道理阻塞了父母与孩子之间的有效沟通，使孩子渐渐向父母封闭自己。

父母要知道，孩子向你们倾诉自己的困难和苦恼，不是要从你们那里得到一大堆道理，而是在确认他跟你们的关系，在这种关系里，他希望被倾听、被关注、被了解、被理解、被信任，从而感到"我是被爱的""我值得被爱""我有能力""在我需要的时候父母会支持我"，而这些会在他的内部转化为面对困难和承受烦恼的勇气和信心。

我从事心理咨询这些年，最想对父母说的一句话是："道理太多会伤人！"只要有机会，我总会奉劝父母抑制一下讲道理的冲动，让孩子耳根清净，给孩子的成长留下一些空间。我想到周星驰的电影《大话西游》，感慨其中那些天才的发现和表现。在我看来，唐僧便是某些父母的代表，他不停地讲道理，讲得他的徒弟孙悟空实在忍不住了，只好一拳把他打晕过去；讲得连牛魔王的小喽啰们也受不了，只好上吊自杀或用刀捅死自己。可见"讲道理"的杀伤力之大。表面看来，这是夸张的艺术手法；细想起来，道理害人，实在是非常普遍的现象，甚至说道理杀人，亦不为过。

我接触到这类的案例越来越多，有一些青春期的孩子对他们的父母动手，其中的一个原因就是父母的道理实在让他们烦恼不堪，以致他们只能像孙悟空对待师傅那样动粗。这样的情况继续恶化，他们会发展出人格障碍。要不，他们就只能来攻击自己、伤害自己，把自己逼出心理障碍来。

我在辅导中会问反复给孩子讲道理的父母："你们讲的道理孩子知道吗？"通过讨论，他们意识到，这些道理孩子都知道，因为已经重复许多遍了。"但是，"我问他们，"为什么还要讲呢？"普遍的原因是他们担心孩子会犯错误，会走弯路，想用"道理"给孩子的生活上"保险"。然而，我们在咨询中发现，被父母灌输了太多道理的孩子，在日后的生活中会变得更不"保险"，如果没有父母的道理，他们就不知道怎么选择，因而内心充满了不安全感。父母的道理不但没有培养出孩子的自信心和效能感，反而使他们变得过度依赖，自我评价低，觉得"我是不行的"，对事物和人际关系有许多的担忧，甚至持有一种灾难性的信念。

有句俗语说，一辈刚强一辈弱，生活中不乏这样的例子。我们在辅导中探索其背后的原因，发现父母的道理太多、主张太多、建议太多，会压抑孩子，使孩子不能形成自己的主见，自主能力的发展受到阻碍。父母的道理太多，期待过高，会在孩子内心里培植一种对完美的欲求；同时，父母的道理太多，要求太多，也会让孩子没有主见、缺乏自主能力，又在他内部形成一个弱的自我，心理症状的一个本质就是强的欲求与弱的自我之间的冲突。

道理不外乎"应该"和"不应该"，父母灌输太多的"道理"，会在孩子头脑里构成太多的规条，使他在日后的生活中受到规条的限制，臣服于霍妮（Karen Horney）所说的"应该的暴行"，完全按"应该"的指令行事，凡事苛求完美，拒不接受自己有缺点、会犯错误，总在担心会出什么差错，总在寻找绝对标准，害怕"万一"会发生不测，因为害怕人生的偶然性而躲避起来。

在过多的"应该"下生活的人，会把自己的生活变成一场苦斗，不管他在这个世界上获得多少"业绩"，都不能享受一定的幸福感和价值感，反而时刻生活在过度的不安全感里，觉得周遭环境充满了威胁和敌意，在虚幻的恐惧里活得小心翼翼，担惊受怕，严重者会发展出心理障碍，如强迫症、焦虑症、抑郁症等。

太多的道理会压抑孩子的自我，却在他的头脑里铸造出一个非常强大的"别人"，这个"别人"就像暴君一样控制了"自我"。

记得读过一个故事，说英国有一个老妇人叫巴特勒太太，她喜欢教训别人，不管你做了什么，她都会对你指责一通，说这不对，那不对，应该这样，不应该那样。巴特勒太太给周围人造成的影响是当他们要去做一件事情的时候，头脑里就会出现一个念头：巴特勒太太会怎么说？接着就变得没有主张了。

　　这个巴特勒太太就是我们头脑里的"别人"。如果我们头脑里的"别人"过于强大，处于支配地位，我们的"自我"就会受到它的控制，我们在生活中就不敢表达自己的看法，不敢做决定，不敢去做事情，因为我们总在担心"别人"会怎么看，怕受到"别人"的责备，看"别人"的眼色行事，总想讨好"别人"，总要得到"别人"的肯定，不敢按自己的主张去做。许多人没有意识到，他们头脑里的这个过于强大的"别人"，原形可能就是在早年不停给他们讲道理的父母。

　　道理会伤人还表现在父母讲道理，孩子做不到，父母就会责怪孩子不懂道理。这可能给孩子灌输一种偏执的信念——只要懂得道理，一切问题都解决了。事实上，道理没有付诸实践，便是空的，从中长不出责任感和行动力，反而生出挫败感和虚妄感。

　　在心理咨询中，许多人感到自己很失败，会自责：道

以

理我都懂，为什么做不到呢？他得出的答案是：我不行，我很糟糕，我没有意志。

同样，道理至上（就如同知识至上）会在一个人的内心里培养一种虚妄，使一个人用“我什么道理都懂”来拒绝改变。有一个青年发展出强迫症，十年来一直躲在家里，读许多心理治疗的书，并且以“我比谁都更懂森田正马”为理由拒绝接受心理咨询。其实他不明白，如果不懂实践的重要，哪里是最懂森田正马呢？威廉·詹姆斯用非常简洁的话语表达了实践的意义：播种话语，收获行动；播种行动，收获习惯；播种习惯，收获性格；播种性格，收获命运。

最后，心理咨询就是讲道理吗？咨询师比别人更懂道理吗？都不是。从某种意义上说，我们不是给当事人讲道理，而是在把许多人从道理里解救出来——更确切地说，我们在帮助那些被太多的“道理”所束缚的人去解放他们自己。

最好的咨询师离道理最远，离真实最近。咨询师最真实，最自由，最不说教，用最符合生命的方式去助人成长。咨询师倾听当事人的困难和痛苦，尽量少讲道理，慎提建议；咨询师接纳当事人的问题和错误，不横加指责；咨询师跟当事人一起探索问题的根源与本质，共同寻求解决问

141

题的可能性和方法，而不替当事人解决问题；咨询师陪伴当事人去经历自我分析，获得自我觉察，而不是把自己的价值观强加给对方；咨询师不相信道理会给孩子带来"人身保险"，反而鼓励他们在经验里成长，接受生活的偶然性，发现生活的可能性；咨询师相信，一个人会犯错误并不可怕，可怕的是他为了避免犯错误而逃避做事情。

在人生成长中，犯错误是不可避免的，人往往在犯错误的地方获得了经验。最好的父母跟最好的辅导师是一样的，不用太多的道理去占领孩子的头脑，总给孩子留更多的空间，让他去经历自我成长，最终长出一个肯定的自我。这个自我知道"我是谁"，清楚自己与他人的边界；知道"我在做什么"，了解行为背后的动机；知道"我要到哪里去"，明白自己的人生目标，追求活着的意义。他不会让"别人"控制自己，而是让"自我"管理自己。在他的头脑里，"自我"与"别人"各有合理的位置——"自我"占主导地位，"别人"起辅助作用，二者可以是友好合作的关系。

标签的损害

两年前，她被一个心理学教授贴上了一个"精神不正常"的标签。这个"权威"的诊断让她陷入更深的焦虑，以至于她重新鼓起勇气前来寻求咨询时，我花了很长时间来撕掉这个诊断标签，才让接下来的辅导变得畅顺起来……

受到生理治疗和精神疾病治疗模式的影响，有些心理治疗师把太多心思花在诊断上面，为的是做出准确的诊断，给对方贴上一个"科学"的病理标签，以至于他们把心理治疗变得更像是一个病理研究的过程。问题在于，如果心理治疗只关注来访者的问题，而缺乏对来访者这个"人"的关心与理解，就不能与之建立关系，不管诊断怎样准确，也不会产生治疗效果，甚至会强化问题，使问题固定下来，因为当事人会把自己与诊断标签画上等号——"我＝抑郁症患者"。临床研究发现，没有多少证据表明诊断标签对帮助来访者解决问题有什么作用；相反，许多心理治疗专家提出警告：慎用诊断标签。美国心理学家杰伊·哈利（Jay Haley）在《出走》一书里明确表示："任何判断一个人有变态倾向的诊断，都会使问题永远成为问题。"

我刚从事心理咨询的时候，有一件事给我的触动很深。一天，我接待了一位 50 岁的女性，她因为与丈夫的关系存在问题而前来寻求帮助。但让她更困扰的是，两年前她被一个心理学教授贴了一个"精神不正常"的标签。这个"权威"的诊断让她陷入更深的焦虑，以至于她重新鼓起勇气前来寻求咨询时，我花了很长时间来处理这个诊断标签，才让接下来的辅导变得畅顺起来。我当时并没有受到多少训练，但我做到了一点：关心她。我体谅她的感受，了解她的生活，跟她一起探讨问题及其产生的根源，让她看到自身好的方面以及生活中有利的资源。然后我们寻求具体的处理办法，并鼓励她采取行动，尝试改变。事情就是从这里开始发生变化。结果是，有一天，她带丈夫来向我表示谢意，说她跟丈夫的关系已经很好了。

其实，贴标签是生活中很普遍的行为。我们会不自觉地给别人贴标签，也常常被别人贴标签。一个孩子，因为没有把事情做好，父母说他"笨"，这就是贴标签。说孩子"笨"不会让孩子变得聪明，反而损伤了他的自我。因为被贴上不好的标签，他就会不自觉地用标签来看自己，把自己跟"笨"等同起来。这样的情况多了，就会形成他的自我评价。我发现，对于许多来访者来说，不是他们的问题有多糟，而是他们会把自己的情况描述得很糟，这反映了他们对自己的看法很糟。如果这样一个人前来寻求心理咨询，再遇到这样一个"专家"或"权威"，给他贴上一个"科学的"病理标签——如强迫症、抑郁症，或精神不正常，这不会使他变得更好，反而让他从此觉得自己更糟了——"我有病"。

心理问题的形成，往往是"非正常化"的结果。"非正常化"过程主要包括这样几种反应方式：一是担心。生活中发生了什么事，头脑出现了什么念头，自身做出了什么行为，即使有什么异常，也是可以放过去的。但是，当事人太害怕它是不正常的，太在意别人会怎样看，便会抓住它不放，为之担心不已。二是比较。因为担心它是不正常的，反而会更加关注它，就会不断拿这个跟别人比较，拿这个跟自己的过去比较。说别人没有，自己过去也没有。于是比来比去，比出更多的"不正常"来。三是性急。反复比较之下，越发觉得自己"不正常"，就试图加以掩盖和压制，急于除之而后快。因为消除不了，所以更加焦虑。在焦虑之中，当事人会四处寻找方法以求自救，会去读许多心理治疗的资料，看到心理症状的描述，开始对号入座，不断给自己贴标签，从而更加认定自己是不正常的，也更加为之惶恐不安了。症状反映的本质是，天下本无事，庸人自扰之，亦即，不是事情本身有多么"不正常"，而是自己从中感觉出许多的"不正常"来，以致受困于这种"不正常"的感觉，不能自拔。

最后，在迫不得已之下，当事人带着他的"不正常"前来寻求心理咨询，想了解自己到底出了什么问题。表面上，他在要求治疗师给他一个明确的诊断。如果遇到一个不明就里的"专家"给他下了诊断，他会更加担心，仿佛他的担心已经变成了事实，而这诊断就加强了他的宿命感（让对方认定自己就是一个病人，他的问题是改变不了的）和依赖感，进而损害了他尝试改变的内在动力。同时，因为长期遭受痛苦的折磨，加之急于消除痛苦的心情，当事人会期待某一种神奇"外力"（药物或某种根治方法）来解决一切。如果他再遇到一个只知用药的"医生"，让他相信除了吃药，没有其他办法，这就更加将他抛入了一种持续性的病态感觉之中。当事人并不知道，他一路过来，经过自己持续不断的"感觉性"加工，加上"医生"只见"病"

不见"人"的"病理化"合作，他终于"生病"了。而在治疗上，诊断用药的单一模式是消极的，因为它在实施"治疗"的同时，强化了当事人的不正常感和无助感。

我们对一件事情可以有不同的阐释，不好的阐释给我们造成困扰，好的阐释给我们带来好的心态和积极的行为。因此我要强调：不是事实，而是解释。对人的行为做出不好的阐释，就是贴负面标签，这会给当事人造成损害。举例来说，有一个学生考试失败了，他很难过，在雨中走路。对于孩子的这个行为，可以解释为"他太难过了"，老师和家长给他一些安慰和支持，便会帮助他从这个困难里走出去。但是，学校的老师很紧张，因为他们把孩子的行为解释为"神经错乱了"，便报告给孩子的妈妈，孩子的妈妈更加紧张，就把孩子送进了精神病院。接下来的治疗简直成了孩子的"宿命"，他从此开始吃药和反复住院。他从学校退学，短暂地尝试过工作，但因为药物的原因，他的反应能力受到抑制和削弱，被单位辞退回家，从此跟生活隔离开来。30年后，当事人的妈妈把他带来跟我谈话，坐在我眼前的他已经45岁，成了一个终生吃药的精神病人，生活中的支持资源已经很稀薄了，自身的适应能力也很薄弱，内心的改变动机也微乎其微了。我认为这就是单一的诊断用药模式造成的结果。同样，比如有一位老母亲，她有时会独自一人喃喃自语。她的儿女们会如何解释这个行为呢？他们可能把母亲的自言自语解释为"母亲感到孤独"，继而的反应就是多关心一下母亲，多花一些时间陪伴母亲；他们也可能把母亲的自言自语解释为"母亲疯了"，结果就是把母亲送到精神病院，把她隔绝起来，让她变得更加孤独。可见，解释不同，处理方式也不同，结果会大不相同。

负面标签会强化一个人的不正常感，心理治疗的一项重要工作，就是帮助当事人撕掉生活中的负面标签，撕掉那些迂腐褊狭而又傲慢专横的"专家"的诊断标签，通过"使问题正常化"的方式，消解当事人的不正常感，从而减轻他的焦虑强度。好的医治者总是能够做到"从不好中找到好的"，帮助当事人反思他的存在，从中看到自身的条件和生活中的资源，对问题形成新的理解，树立解决问题的信心，并且重新选择。"病"是"人"的局限，不是"人"的全部。好的医治者，不只看到"病"，更看到"人"，并且会协助当事人发现和拓展不被"病"所控制的生活部分，使"病"的部分慢慢被取代，从而让当事人活得全面，活得完整。

我们考察症状，发现人不能全面观看自己的生活，他们生活在片断的经验里，不能把受伤的经验与其他的经验进行整合，这阻碍他们的自我觉察，让他们陷入盲目的生活状态，不能过上好的生活，不能成为真正的自己。精神分析说：不能承受分析的生活，不是真正的生活。存在治疗说：没有觉察的生活，是不值得过的生活。我们可以这样理解："有了问题"也可以被解释为"有了机会"。当一个人有了问题，他就沿着问题走进了治疗，让自己的生命体验一次深度的分析从而获得生命的觉察。幸乎？不幸乎？经历了，才知道。

　　心理治疗不宜贴标签，把活生生的生命套进一堆病理的词汇中加以定义，只会让当事人感到自己是病人，这是一种消极暗示。生命不应该用医学和心理学的病理语汇加以描述，病理名词所描述的只会是一个灰暗的生命故事，并且可能把当事人的生活变成一个灰暗的故事。如果当事人不幸被贴上标签，我们的治疗就要为他撕掉标签，重贴标签，用积极的标签取代消极的标签，这样做会使当事人获得一种不被问题所控制反而可以驾驭问题的体验。安东尼·杨在《心理辅导：问题解决法》中说："当我们努力使问题正常化，使问题不带有'病理学'的症状时，我们便从病理学结构向非病理学结构迈进了。出现问题的来访者常被问题弄得灰心丧气。在一定意义上，他们正在经受着双重痛苦——有问题的痛苦和对自己有问题的感知的痛苦。有时，问题本身并不比因为有问题而感到自己软弱、不正常或没有尊严的这种痛苦更严重。也正因为如此，为来访者的问题不再贴标签大有益处。"

内心的空洞

内心的需求空缺，让当事人对周围的生活完全忽略不顾，只对内心里出现的感觉盯着不放。

空缺与代偿

　　她每时每刻盯着丈夫，黏着丈夫，要求丈夫关注她，简直要寸步不离，片刻不能分心。到了外面，她自然不能容忍丈夫跟别人说话，丈夫一跟别人说话，她心里就气，几乎要把丈夫关在家里，永远都不让他出门，只理她，不理任何人。

　　生命里面有需求，行为背后有动机，这是直面治疗的基本关注。生命需求可分为生理需求、心理需求、精神需求，行为动机的作用是为这些基本需求提供满足。生命的基本需求得到适当的满足是促进个体健康成长的条件；生命的基本需求遭到过度的忽略甚至剥夺是导致个体心理障碍的根源。

　　直面经验的一个基本考察与发现，就是个体在成长过程中，因为基本需求遭受严重忽略甚至剥夺，以致在内心形成一个空缺，而这个空缺就产生了强大的力量，使个体不管现实环境如何，不管自身条件如何，一味要求得到满足。在他的现实行为的背后，我们似乎听到从那空缺的洞穴里传来的呼喊："给我，给我……"但是，不管给它多少，都欲壑难填。心理障碍的一个本质就是当事人受到无意识动机的驱动，选择无效的甚至有害的方式来补偿内心里某种事过境迁的需求。如果有人问，直面的治疗有什么特别的经验，我会说，很重要的是留心当事人内在的空缺，以及由此引发的代偿行为。

　　我习惯于用例子来说明。

　　有一位女性前来寻求帮助，她的最大困扰是担心别人不理她，以致每天都生活在紧张不安里，一进入人际环境，她很容易就感到被人冷落。在办公室里，两个同事在聊天，她觉得自己被晾在一边，内心非常渴望她们跟自己说说话，因为得不到满足，她就暗自生出许多抱怨来。在家里，她每时每刻盯着丈夫，黏着丈夫，要求丈夫关注她，简直要寸步不离，片刻不能分心。到了外面，她自然不能容忍丈夫跟别人说话，丈夫一跟别人说话，她心里就气，几乎要把丈夫关在家里，永远都不让他出门，只理她，不理任何人。

于是，这给她造成了极深的良心谴责和情理冲突：她知道这样不对，这样做太过分，心里不情愿这样做，却又控制不住要这样做。为什么会这样呢？她感到莫名其妙。

在当事人的讲述里，我们发现，问题来自她自幼生活的那个"冷漠而自私"的家庭。她渴望得到关爱，但母亲给她的总是辱骂和掴脸；她需要得到支持，但父亲与哥哥给她的总是冷落与责怪。在她的内心里，她永远是一个灰姑娘，待在阴暗的角落里。这个低落的自我形象，是在无数次遭受剥夺的经验中形成的。这个灰姑娘，一直驻留在内心的空缺里，不愿走开，不肯长大。虽然事过境迁了，她依然向现今的生活要求往日的补偿，要从生活环境索求一切的条件，成为被人关注的中心。这个空缺是隐而未显的，其中蕴藏着巨大的动机和能量。它控制人们的行为，而人们对它却知之甚少。它只求满足，不顾一切，它仿佛一支从隐藏的角落里射出的箭，穿过黑暗的夜空，径直射向生活的目标，要求借此获得无限补偿。但不管怎样的条件，都无法满足那个灰姑娘的要求，反而使她在追求补偿的路上成了病人。

内心的需求空缺是从现实中被剥夺的创伤经验里产生出来的。一般来说，每个人在成长过程中，都会遭遇某种忽略与剥夺，都会造成某种需求的空缺。但我们要注意，剥夺越严重，创伤越深，空缺越大，补偿的动机就越强烈，就越容易发展盲目的、强迫性的代偿行为。

我至今记得那位年近六旬的求助者，他进门一坐下来，就十分焦急地对我说："我儿子离家出走了，几天没有回来，到处都找不到他。"我问："你儿子多大了？"他说："27岁。"我暗自惊讶，为什么一个父亲称27岁的儿子"离家出走"？而且，他不是去公安局报案，而是前来接受心理咨询，背后一定另有原因。

他接下来的讲述让我了解到，他的儿子是一个出租车司机，虽然长大成人，但严重缺乏责任意识，行为举止犹如幼童，平日里一味贪恋玩耍，时而把车停在家里，跑到网吧乐不思蜀，动辄几日不归。再探索下去，我发现当事人的儿子在成长过程中，一直受到父母（特别是父亲）的过度保护。不管他提出什么要求，父亲总会给予满足；不管他犯了什么错误，父亲都替他承担后果；本来是他力所能及的事，父亲包办代替；本来是他需要承担的责任，父亲代为承担；儿子不守诺言，父亲找理由为他开脱；儿子闯下祸，父亲气得用砖头砸自己的头，然后还是替他收摊。

面谈过程中，我看着这位不到60岁就已经白发苍苍、满脸皱纹的父亲，心里想，在周围的人眼中，他一定是最好的父亲。一问，果然他的街坊邻居对他都是这样的评价。

内心的空洞

他自己也不明白，为什么自己是这么好的父亲，却有一个那么糟的儿子？用他的话说，难道是"上辈子造了孽""命里该受这份罪"？我问了他一个问题："能不能告诉我，在你年幼的时候，你的父亲是怎样对你的？"一听这话，当事人愣住了，半晌无语，一会儿，他的眼泪流了出来，说："你怎么会问这个问题？"在努力做了一番克制之后，当事人告诉我："在我三岁的时候，我父亲自杀了……"

接下来，我越来越清晰地了解到，当事人对儿子的过度保护，原来是从他的内心空缺里产生出来的一种代偿行为。父亲自杀，在他内心里留下了一个关爱不得满足的空缺，这空缺里有一种无意识的动机力量，使他毫无限制地去满足孩子的一切要求。从行为层面上来看，他以为是在爱自己的儿子，但在潜意识里，他是为了补偿内心深处那个缺乏父爱的幼年自我。这种无意识的爱，寻求的是自我满足，而不是有意识地促成爱的对象长大。这种出自空缺与代偿机制的爱，不能真正造就现实中的那个"爱的对象"，反而给对方造成实质性的损害。而且，"被爱者"被损害了，"施爱者"却意识不到，还会把自己塑造成一个具有悲剧意义的道德英雄。

在直面经验看来，空缺与代偿是一个潜意识活动的惯常机制，它会以各种形式在人们的生活中表现出来，而当事人往往意识不到。空缺的下面是当事人遭受剥夺的创伤，代偿的目的是想避免创伤再度发生，因而产生各样的回避行为。考察回避行为的深层动因，我们发现的是大量无意识的恐惧或不安全感。

我曾经接待一位女性求助者，发现她的内心有极深的恐惧或不安全感，而这跟一个深远的创伤事件有关：当事人的幼年是在"文革"期间度过的，她的父亲早逝，母亲在"文革"中受到压制，一直抬不起头来。母亲的"懦弱"表现让她觉得低人一等。"文革"结束后，她一心要考上大学，改变家庭的地位。

她经常到一个图书馆去读书，但在那里，她遭到一位老图书管理员的性侵害。这个创伤在她的内心造成了剧烈的冲突——一端是考大学的愿望，另一端是对读书的恐惧。她要考上大学，就必须读书，但一想到读书，她立刻就会产生极端的厌恶和恐惧，于是，她就去回避，但在她回避的时候，考大学的愿望又来折磨她。

许多年过去了，她内心的创伤并没有得到医治，渐渐演变成一种无意识、弥漫性的恐惧，使她觉得生活环境中处处潜伏着危险。她结婚后生了一个女儿，随着女儿长大，她越来越担心曾经发生在自己身上的可怕事情会在女儿身上再度发生，因此她常常告诫年幼的女儿要提防男性，不要到图书馆去，特别要防备老男人，如果去同学家，要当心同学的爷爷、父亲，等等。在这种潜移默化的影响之下，女儿天真的头脑里便充满了"男性威胁"的观念，而这会影响女儿日后的恋爱、婚姻，以及各种人际关系。

生命成长不易，每个人的内心都不同程度地存在某种需求缺乏，每个人在生活中都可能以某种方式寻找一种代偿性满足，这就是空缺与代偿机制。如果它在合理的范围内运作，会成为人生成长与创造的重要动力。但是，当这种空缺与代偿机制超越了合理的限度，就会成为一种受潜意识控制的虚幻的、盲目的、强迫的行为，并且会选择各种方式表现出来。

这种空缺与代偿的心理，根植于无意识的不安全感，它会在现实里要求得到绝对保障，万无一失；它会盯住一点，不及其余；它会抓住一点，以偏概全；它会追求褊狭的需求满足，忽略整体的生命成长；它会让生命的多重发展需求停滞下来，只听命某一种单一的需求，哪怕为这一需求付出生命的代价。

当我们考察现实生活中某些贪得无厌的行为时，最深的根由可能就是这种由内在空缺激发出来的代偿行为。曾经一分钱的剥夺造成的空缺，可能在无意识中成为膨胀的欲求，用一亿元的代偿也无法满足它的饕餮大口。记得一个贪官在临刑前有一瞬间的反思："我积累的钱财几辈子都享用不尽，为什么还要不停地去捞取更多的钱？"他百思不得其解，因为他不了解这是从他的内在空缺里发出来的代偿行为，这种空缺与代偿有一个本质特征——看似求生，实则赴死；为了获得全世界，最后失掉了生命。

用直面的治疗经验来看，人生活在不同的觉知层面。考察空缺与代偿的心理机制，可以帮助人了解自己，了解自己的行为及其背后的动机，让人走出潜意识的遮蔽，走出"不知道自己在做什么"的低觉知状态。人生最高的境界便是对行为背后的潜意识动机的觉察。直面的医治，就是在动机与行为之间修通一条觉察的路，在潜意识与生活之间架起一座行动的桥，让人穿过层层迷障，去了解内心深处的空缺，去倾听空缺怎样对他说话，并从那话语里了解潜意识的真正意图，从而获得真正的领悟。这时，我们就可以谨守自己的心，因为我们的内心怎样思量，我们的行为就怎样发生。

好的感觉

　　来访者是一位二十五岁的青年，从十九岁开始往返于各家医院，接受各样的诊断，吃各样的药，"但都无济于事"。几年来，他大多待在家里，躺在床上，偶尔跟父亲出去打打工，但总是不到一个月，因为心里感到难受，他又回到家里，躺在床上。这样的情形一直重复。

　　据当事人的父亲说，医生向他下了这样的诊断："你儿子这病是天生的，没法治。"这位父亲六年来带儿子四处求医问药，花光积蓄，听医生这样说，心里又失望、又愤怒，再也不愿相信医生。

　　看到儿子躺在家里，他心里真是万般无奈。在儿子的要求之下，父亲只好带着儿子来跟我谈话，但又因为要养家糊口，在带儿子来过两次之后，他只身到南方打工去了。接下来，是当事人的母亲带他前来接受心理咨询。母亲住在山区，从来不出远门，一路晕车，呕吐不已。看到一个身体壮实的青年，总是跟在爸爸或妈妈的身后，我向当事人提出一个要求——下次你自己来！当事人立刻说他做不到，因为过去从来没有这样做过。再后来，我又提出这个要求，他只好勉强去做，后来就做到了。当然，在做的过程中，他有许多的担心，有各样的难受，但关键在于——他做到了。这件事对别人来说显得很简单，但对他来说，这是一次穿越和突破，而这反映的正是直面的精髓。

在具体操作方面，直面至少包括两个层面：一个是内心里获得觉察，另一个是现实中进行穿越。这并不容易。在当事人那里，因为内心里的自我觉察受"感觉"的遮蔽，现实中的穿越行动就难以实施。因为害怕并且专注于各样的感觉，当事人长时间待在内心的难受里，不愿走到现实的困难中，更不愿意去承担生活的责任。他们内心有一种假想——如果我的感觉好了，就可以去做事了。因此，他们前来寻求心理咨询，目的就是要消除难受的感觉，但是他们不知道，一个人需要带着难受的感觉，坚持去做事，从而穿越他们长期回避的恐怖地带和艰难环境。在这个过程中，他们会获得内在的自我觉察，增强现实的行动能力。

这时，他们的感觉自然就好了起来。这就是直面分析疗法的过程和目标。

因此，在接下来的面谈中，我又向当事人指出一个新的可能性：离开家乡，到南京来找一份工作，先靠自己生存下来，然后接受系统面谈。当事人摇头说做不到，而且说"这绝对做不到"。这几年来，他大多待在家里，躺在床上，偶尔跟父亲出去打打工，但总是不到一个月，因为心里感到难受，他又回到家里，躺在床上。这样的情形一直重复。

然而，这一次，他又做到了。在面谈进行到第七次的时候，当事人至少做到三样事情：第一，没有父母陪伴，自己来南京跟我谈话，其间我们的办公场所搬迁，在未获通知的情况下，他一处处问，转几趟车，按约定时间赶到。第二，通过一个老乡的介绍，他在南京找到一份稳固的工作。第三，他坚持工作了一个星期，得到老板的欣赏，能够跟同事相处。尽管如此，当事人在面谈中仍对我说："我的感觉还是不好……"

在直面的经验里，这是最为普遍的情况——当事人对内心里出现的感觉盯着不放，对生活中发生的变化却熟视无睹。他们时刻都在埋头看内心的感觉，把周围的生活完全忽略。他们一味要求"觉得好"，就是不愿"做得好"。

他们的理由是——因为感觉不好，所以做不好，因而不能去做。他们不知道，因为做不好，所以感觉不好，因而要去做。于是，这也是直面的医治里经常发生的情况：当事人向咨询师要求感觉，咨询师向当事人要求行动。当事人太过关注感觉，以至于用感觉代替现实，变得越来越纠缠不清，终于把自己裹在感觉里，与生活隔离开来。

咨询师要求当事人尽力而为地去做事，好让自己走出封闭的感觉，朝现实生活慢慢推进。

在直面的医治里，咨询师体谅当事人的感觉，但不会让自己跟着他的感觉走，不接受他"感觉不好……"的理由，也不满足他"先让感觉好起来"的要求，反而推行"以做替想"的策略，促进当事人的"生活化"进程。我们相信，就心理咨询而言，跟着当事人的感觉走，是捕风捉影的治疗；单一使用药物去控制当事人的感觉，是治表不治里的治疗。直面强调，当事人只有在现实中采取穿越的行动，才能克服他内心里难受的感觉。

举一段谈话为例。

当事人：跟第一次来面谈的时候一样，我的感觉还是不好。

咨询师：但你的生活已经发生了变化，你能够看到吗？

当事人：我感觉不到有没有变化。

咨询师：感觉不到，却可以看到。让我们一起来看一下，过去，你躺在床上，无事可做；现在，你到了南京，有了工作。在你看来，这是不是变化呢？

　　当事人：但不管怎样，我还是感觉不好。

　　咨询师：过去，你因为感觉不好，就躺在床上，那时候，你的家人和村里人怎么看你？

　　当事人：他们说，这人有病……

　　咨询师：现在，你虽然感觉不好，但来到南京，找到工作，他们会说什么？

　　当事人：村里人对我妈说，你儿子挺能干的……

　　咨询师：为什么他们前后对你有不同的评价？

　　当事人：以前我躺在床上，他们说我有病；现在我工作了，他们说我正常。但我总觉得他们只看到表面现象，我的感觉还是不好呀。

　　在面谈过程中，我发现一个来自当事人内部的期待——"好"，这个"好"反映的是一个很关键的问题，必须跟当事人进行即时化处理。我要求当事人对这个"好"做一个定义性描述，他说："'好'就是病好了，就是从此之后我能独立自主，完全适应社会；如果'好'了，我就一点都不在乎别人的评价，不管别人怎么骂我，我都无所谓；'好'就是不再感到任何烦恼，做一个乞丐都快快乐乐……"

　　然后，我又要求当事人就这个定义中的内容做一个可能性评估，如现实生活中有没有这样"好"的人，可以作为他的榜样；这个定义中的哪些内容是可以实现的，或者说，可以在多大程度上实现；如果是可以实现的，当事人将给自己多少时间来实现这些目标；等等。讨论之后，当事人有所反省，这个定义反映的是不切实际的愿望，因为他心里感觉难受，所以想一下子达到彼岸。

　　他就这样生活在感觉的冲突里——他在内心用"好"设计出一个感觉天堂，走到现实里，他却无时无刻不在遭受"不好"的打击，一次次被投进感觉的地狱里。每时每刻都快乐的梦想永远都不能实现，梦想破灭的痛苦更加刺激着他的欲望，让他不顾一切地去追逐"好"。

　　观察当事人的生活，我似乎看到那个"好"像一只无形的手，牵着他去体验更多的"不好"。就这样，当事人生活在"不好"的现实中，逃避在"好"的幻想里。但当事人并不知道，在暗中作祟的，就是这个"好"。它不真实，也不接受现实；它要求完美，不接受任何缺点，它的基本话语是——如果不是完全的好，就是完完全全的不好。

　　当事人用"好"强求自己。如果身上有缺点，他就让自己感觉不好；如果生活不满足他的期待——任何时候都必须感觉好，他就让自己感觉不好，最终躲回家里，躺在床上。现在，他从家里走出来，开始有了工作，并且做得不错，但只要生活中出现一点不好，他就责怪自己。在生活中，他几乎无时无刻不在用"好"评判自己、贬损自己。不管他做了多少，做得多好，他内心里的那个"好"都会把它们全部变成"不值得"和"没有"。就这样，他"内心里的好"把"现实中的好"都过滤掉了，结果，他的生活就只剩下"不好"。进而，他又把这些"做得不好"变成"感觉不好"，最后变成"我不好"。

当事人用"好"强求别人。在他看来，要跟别人建立"好"的关系，那就必须是完美的关系，是亲密无间，是大公无私。当事人四处收集资料来建立这个"好"，包括媒体报道上的信息，如一位父亲把肾换给了儿子，外国父母温文尔雅，拥抱孩子，对孩子说"我爱你"，等等。在这些"好"的幻象的映衬之下，他那在乡村里生活的父母是如此粗鄙不堪，以至于他的父母不管做得多好，在他眼里永远都不够好。这些年来，他因为心里感觉不好，反复到医院去看病，父母没有钱了，他要求父母把房子卖掉给他看病，父母没有这样做，他们在他眼里就成了不好的父母。依此类推，"好"爱情是愿意为对方死，如果不能证明，就不是爱情。这个"好"还渗透在当事人跟其他人的关系里，形成同样的情况——别人不管为他做了多少，永远都是不够的，而在他眼里，不够就是不好，"别人做得不好"就成了"别人不好"。

当事人用"好"要求生活，生活立刻变得黯然失色。因为不管生活中有多少好，跟他内心的"好"一比，都成了不好。我仿佛看到，在他的生活中本来有许多真切的好，因为它们太惧怕他那虚幻的"好"，就纷纷从他那里逃开了，最后他拥有的只能是不好的感觉和更加强烈的"好"的欲求。生活中的好跑掉了，留下越来越多的废墟和荒芜，而他内心的那个"好"依然茁壮而挺拔。这个"好"的胃口还越来越大，似乎永远不会餍足，在用它的饕餮大口，吞吃当事人生活中自然的幸福条件，以至于当事人感受幸福的能力也成了它的食物。结果，即使幸福的条件堆积如山，当事人也不会感到幸福，因为他更习惯于感觉痛苦。因此，在当事人眼里，"生活不好"。

这个"好"也有根有源，这根源就在于当事人的生活经验。在后来的面谈中，当事人做了这样的自我分析：从小到大，他内心里有一种根深蒂固的欲求，想胜过别人，拥有别人拥有的一切，以致忽略了自己的需求，甚至根本就不知道自己需要什么。他的眼睛总是盯着别人，他的行为就是跟别人比拼。别人读书，他也读书，但他的心思不在书上，结果书也没有读好；别人做事，他也做事，但心思不在事上，结果事也没有做好。他说："我简直成了别人的影子。"但是，别人能接受的，他却接受不了。别人放得开的，他放不开。别人朝生活中行进，获得了经验；他朝内心里躲藏，沉溺于感觉，越来越生活在幽暗的感觉迷雾之中。久而久之，他习惯于用感觉代替现实，走进生活的时候，发现那里的光亮太过刺眼。

直面的医治，是跟当事人一起走进他的经验，让他反思自己的经验，渐渐长出一双觉知的新眼，可以透过"感觉的迷雾"，看到生活中那些真切的方面。在他尽力而为的一系列行动的背后，生活在渐渐发生一些变化，那些曾经受到遮蔽的好的部分，现在重新涌现出来。他曾经一味追求感觉，感觉总是不好。现在他开始采取行动，感觉变得好了起来。虽然不是完全的好，却有了部分的好，他也开始接受和享受这些好的部分，而不是因为它们好得不够完全而抱怨和痛苦。他意识到，他不是生活在天堂里，眼下好的感觉也不会是永远的。当他学会接受生活随时会有不好的部分，他就不会用"好"去强求自己、强求他人、强求生活，他就不会一直生活在"不好的感觉"里，反而能够享受生活即时涌现的快乐。

公无渡河

有一首古诗云：公无渡河，公竟渡河。堕河而死，将奈公何？

用现代的话来说，这首诗的大概意思是：我奉劝你不要渡河，你却不听，一定要渡河。结果在河里淹死了，那我有什么办法呢？

这首诗，读来像是一首哀丧的诗，又像是一首劝诫的诗，甚至在我看来，这首诗里颇有一些现代心理咨询的意味，反映的是心理咨询的过程与咨询师的态度。

公无渡河

心理咨询本身就是一种干预方式，基本上体现在"公无渡河"这句诗里。有的心理治疗理论强调"中立",但千万别以为"中立"的意思是"不干预""不管不顾",恰恰相反,"中立"是指咨询师有意识创造一个更大的空间,以便做更好的干预。例如,咨询师采取中立的态度,便于从当事人那里引出客观的陈述,从而了解问题的真正根源,当事人对问题的真实看法,探索解决问题的更多可能性,以及跟当事人建立更好的关系,等等。但是,没有绝对的中立,心理咨询永远都是一种干预,永远都是施加影响,只是干预的方式有优劣之分,影响的效果有好坏大小之别。

"公无渡河"体现的便是心理咨询的关顾性干预,但它需要通过具体的、多样化的方式进行。从"公无渡河"里,我们看到心理咨询正在进行的状态,它展现了这样一个情景:咨询师(诗人)考察当事人(渡河人)的行为意向("渡河"),发现其中潜伏着某种危险,于是前来提出劝诫。"无"通"毋",意思是"不要",这里反映的是咨询师的干预性态度。从"公无渡河"这短短四个字里,我们可以体味到咨询师的话语、动作、神情,以及咨询师与当事人之间的互动,甚至,"公无渡河"并不是轻易就提出来的。咨询师在提出劝诫之前,需要探索当事人的基本情况,包括当事人的背景,"渡河"的原因、动机和目的,了解和分析河对岸的情形,渡河过程中可能发生的情况,以及当咨询师发现"渡河"可能给当事人造成损害，他会提出"公无渡河"，并且尝试用各种的方式去消解当事人的渡河意愿，促使他对自己的行为有所觉察，从而做出新的选择，等等。

公竟渡河

　　心理咨询是干预，但不是强迫；心理咨询是合作，但不是由咨询师决定一切。咨询师会通过各种方式劝导当事人，并且帮助来访者对自己的行为有所领悟，从而做出新的选择——"公无渡河"；但咨询师也尊重当事人选择的权利，包括他可能使用这种权利做出不利于自己的选择——"公竟渡河"。这里，"公竟渡河"反映的情况是：当事人心意已决，选择渡河。

　　"渡河"不只是一个具体的行为，而且是一种象征。直面心理学方法在治疗中非常重视象征，因为在我们看来，症状本身就是一种象征。因此，"公竟渡河"里包含一个象征的意义，就是当事人选择了症状。在症状里，我们发现有一种"执着"，从这句诗的"竟"字里体现出来，就是他执意要这样做。咨询师必须了解，当事人为何执意选择渡河？我们总会发现，当事人的"执着"往往是从伤害的经验里长出来的，其中有极端化的情绪，有完美主义的苛求，有盯着一点、不及其余的强迫意向，让人执迷不悟，不顾现实，哪怕他的选择会导致损害，他也在所不惜。我们可以说，几乎在所有类型的症状里，都有一种"公竟渡河"的性质。

透过"公竟渡河"，我们又看到这样一幅场景：当事人生活在此岸，此岸有许多的艰难与不堪，他不甘于生活在此岸。在他的远眺里，对岸的景色美轮美奂，成了他内心不可抗拒的诱惑。他一定要到对岸去，为此将不顾一切、不惜一切。荣格说，心理症状是合理受苦的替代品。

"对岸"就是这样一个替代品，它对受苦的人很有吸引力，它是一个安乐窝，吸引着人们，让他们逃避现实的艰难和烦恼，到这里寻找安慰、舒适、依赖。当一个人在此岸经历了太多的破碎，就想从对岸找到完美，如超能力、权力、财富、聪明的头脑、强壮的身体、美貌、别人的爱与赞赏……

我接触过许多执意要渡河的诸公，他们是一群性急的人，内心里有什么愿望，就要求立刻得到满足。他们只看到对岸的目标，不管此岸有没有船，有没有桥，以及自己会不会游泳，便"扑通"一声跳到河里去了。

堕河而死

"堕河而死"也是一个象征的表达，我们可以这样理解：当事人陷入症状，而症状给他造成了持续的损害。

每一种心理症状都带有一定的盲目性与强迫性，或者受到某些自己不大了解的因素的驱使，或者为了实现某个自己想当然的目的。当事人投身于症状之中，时间或长或短，损害或大或小。

　　或许，"堕河而死"并不是在陈述一个发生的事实，而是在表达一种具有劝诫目的的预测。在心理咨询的具体实施过程中，咨询师可以做这样的预测，从而让当事人看到，如果他执意选择渡河，可能会导致怎样的结果。咨询师这样做的目的，是为了提醒当事人，让他意识到，"堕河而死"是"公竟渡河"的结果，如果要避免"堕河而死"，他可以选择"公无渡河"。当事人发现，原来这一切是可以由他自己来决定的，如果他做出新的选择，便可以避免发生不好的后果。

　　进而，"堕河而死"与其说是一个结果，不如说是一种状态：当事人陷入症状并在其中挣扎。在直面心理学看来，症状之所以发生，是当事人选择逃避存在的艰难，也就是逃避成长的痛苦，而症状的本质，就是一个人陷入不成长的状态。生命的本质是成长，成长的目标是成为自己。当一个人陷入症状，他就处于不能成长和不能成为自己的状态里，这种状态的性质，跟"死"的性质是相通的，因此，我们可以说，症状是"堕河而死"的状态。

"堕河而死"似乎表明"公无渡河"（心理咨询）没有达到目的，却充分证明心理咨询（"公无渡河"）的必要性。到了这里，并不是说心理咨询已经变得无能为力了。相反，虽然到了"堕河而死"的状态，咨询师依然可以奋力援救。从"堕河"到"而死"之间有一个过程，也存在着可能与希望，当事人在这个时候正在挣扎求援，心理咨询师依然可以有所作为，当事人依然有机会获得救援，除非……

或许，"堕河而死"真的会变成一个无法挽回的结果，导致这种结果的原因有很多，如心理咨询的有限，支持资源的缺乏，负面因素的进一步打击，包括当事人对心理咨询的态度与回应方式。例如，咨询师向当事人伸出援手，他却予以拒绝，因为咨询师的援救方式与他想象的不符——他期待一只船，或幻想他长出翅膀飞到对岸……那么，生活环境中的救助资源会渐渐离开，当事人的结果只会是"堕河而死"。

将奈公何

"将奈公何"表现的是咨询师的态度，其中颇有怜惜之情。心理咨询的空间与局限都体现在这一句诗里。

"将奈公何"里包含着这样的意味：心理咨询总是可能的，但不是万能的；心理咨询是支持，但不是强加；心理咨询可以努力，但不能决定。心理咨询本身就是一种合作，不管咨询师怎样热心，有怎样的技能，都不能凭借一己之力完成对当事人的救助。如果当事人拒绝合作，拒绝援救，咨询师只能感叹："将奈公何。"

但是，"将奈公何"并不一定就是无能为力的哀叹，其中依然潜隐着助人者的智慧和积极的态度。古希腊名医希波克拉底有一句名言：病人求治的愿望是他最好的医生。这话至今对心理咨询深有启发，即心理咨询需要启发当事人内心里那种求助的愿望。例如，面对当事人十分依赖和偏执的情况，咨询师可以适当表达"将奈公何"的态度，可以对当事人说："我得承认，如果你执意要这样做，我也没有什么办法，因为这是由你自己决定的，而不是由我决定的。"表面上，这话表达的是一种"无可奈何"，却是一种以退为进的干预。咨询师有时候需要让自己变得"无可奈何"，以便激发当事人的内在动力，推动他自己去"有所作为"。

咨询师的态度

从根本上说，"公无渡河"这首古诗反映的是咨询师的态度："公无渡河"——我会尽力帮助你（不管你遇到怎样的困难）；"公竟渡河"——我不一定能帮助你（如果你一定要做出这样的选择）；"堕河而死"——你本来可以帮助你自己（你的选择导致了这样的结果）；"将奈公何"——可惜我没能帮助你（如果你选择放弃，我也没有办法）。

这便是直面咨询师的态度。

强迫症的根源

　　一个没有考上名校的女子，为了获得心理上的补偿，非名校毕业生不嫁。一些年来，她拒绝了许多追求者，最后和一位病入膏肓的名校毕业生结婚。婚后两个月，丈夫死于肺病。

　　当今社会，强迫症正在变成一种越来越普遍的心理障碍，它的背后，有复杂的社会文化因素。

　　强迫症大体分为以下几类。

强迫观念

　　强迫观念就是头脑里反复出现某些念头、想法等，内心里为之担忧，总想把它弄明白，虽然明知道不是那样，但又欲罢不能。

其有以下几种表现：

（1）强迫性疑虑，表现为对自己做过的事放心不下，如出门之后担心门没锁好，煤气没关好，离开办公室时担心电脑没关，并回去检查了几遍，还是放心不下。

（2）强迫性回忆，表现为对过去发生的某件事件无法释怀，总是萦绕于心，无法摆脱。

（3）强迫性联想，表现为看到或听到某一事物，就会在脑子里产生联想，联想的方式多种多样，没有一定之规，或相近，或相似，或相反，或毫无关联。

（4）强迫性穷思竭虑，表现为对某个公认的定论或"真理"持有疑虑，控制不住要去对之进行钻研，一定要找到某种不同的答案，例如，"1加1为什么要等于2?""弗洛伊德为什么说人有恋母情结？"之类。

强迫意向

强迫意向是指反复出现某种与自己意愿相反的欲望、冲动，如看到菜刀就想拿起来砍人，走到桥上就想跳下去，虽然不会真的这么做，但为此感到焦虑，担心自己真的会去做，以致造成无法挽回的后果。例如，有一个年轻的女性，看到报纸上报道说有一个母亲把自己的孩子从楼上扔了下去，她就开始担心自己会不会这样做，头脑里想象出各种各样的可怕后果，把自己折磨得不堪忍受。有一个高中生，头脑里出来一个念头——"我会不会杀死我妈妈？"接下来就开始了自我折磨的过程，责怪自己为什么会有这样邪恶的念头，试图把这个念头压制下去，但它不时冒出来。

强迫行为

一个人出门之后担心门没有锁好，想象出各种可怕的后果来，忍不住回头检查家门，确认门是锁好的。但下了楼之后，又开始担心，再回头去检查一遍。如此多次重复，心里就是放心不下。这便是强迫行为。强迫行为还包括，控制不住自己数数字，包括数电线杆、树、台阶等，总是觉得自己的手不干净，强迫自己洗手，或反复洗衣物等。在我的治疗中有一个案例，一个深度强迫症患者的强迫行为是不断洗家里的桌椅板凳，以致这些家具经常都是湿漉漉的，甚至长出蘑菇来。

强迫仪式

强迫仪式表现为反复进行某个行为，就像完成一个仪式，而这个仪式与某种担忧和愿望联系在一起，这个行为被赋予了一种凶吉观念，做了某个动作，才可以避开某种不祥，或带来某种好运，并反复去做这套仪式，直到自己获得安慰，才会停止下来。有一个强迫症患者，每天起床之前，把衣服穿好了，然后再脱下来，停顿一会儿，然后再穿上，如此重复许多次。他这样做其实是在进行一种强迫性的仪式，在穿衣的时候，他脑子里出现了某个邪恶或不洁的念头，他害怕穿衣服时会把邪恶也穿到自己身上了，于是要脱下来再穿一遍，穿的时候，要让自己的头脑里很干净，最好有美好的念头出来。如果不行，他就再脱下来，然后再穿。

看到这样的描述，人们可能会怀疑，这样的人是不是有精神病？其实不是。他们的这种行为属于心理障碍。一个人身上出现了这种情况，他自己是知道的，他意识到自己的念头和行为是不必要的，是违背常理甚至违背道德的，但就是控制不住自己要那样去想和那样去做。而且，当事人越努力想控制自己，越是不成功，由此加重了焦虑，甚至久而久之使意志陷入几乎瘫痪的状态，却仍然这样做。了解了这些表现，人们不禁想问：为什么一个人会搅入这样一团矛盾里自我折磨而又不能自拔？

基本上说，强迫症是心理长期受到异常因素影响的结果，在当今社会，这样的影响因素变得越来越多、越来越复杂，如同生活中凭借某物搭建起来的蜘蛛网，在捕获着忙忙碌碌的人们。

在自然的生活里，本来是没有强迫症的。强迫症反映

181

的本质是人的生命失掉了自然性，被强加了一种机械性。据相关研究，在非洲、南美洲、亚洲的一些部落里，就不存在强迫症现象。其中的原因是，那里的人们生活单纯、自由自在，他们的生活按照自然的节律在进行，他们不为了某个目标而过度压抑自己，也不为了效率而过于强迫自己。但是，进入现代社会，科学技术的过度使用，对人性产生损害，导致了人性的机械性异化，人成了被片面使用的工具。

研究者把古代的猎人和现代工业流水线上的工人进行比较，发现猎人能够全面使用自己的生理与心理机能，而工人只能片面使用自己的生理与心理机能，他的生命成了机器的延伸。久而久之，他就像受到感染一样，变得机械化了，不可自抑地产生强迫性的重复行为。若我们看过卓别林的《摩登时代》，对这一点就会有很好的理解。这部电影反映的是工业化早期的情形，其中有一个情节，一个工人因长期拧螺丝，导致无法自控的重复动作，看到任何一个圆形东西，他都控制不住上去拧上一番。这就是一种强迫行为。

现代教育中偶现的片面化、技术化，成为强迫症发生的一个重要根源。如果教育忽略个性的全面、和谐发展，单向强调知识技能，过度追求功利、效率，不尊重生命的自然成长，那功课学习简直会成为对孩子的集体强迫，其中如题海战术，强逼孩子进行大量的重复性劳动。若应试制度到了极端，就是要求每一个问题必须有一个标准答案。而标准答案式的教育，会损害孩子的生命品质，如诚实、真实、创造性、想象力等，在孩子身上发展出一种强迫思维——凡事追求绝对标准。

我记得在一些年前看幼儿电视节目，主持人提问："星星是什么？"一个幼儿回答："星星是天上的花朵。"主持人说："错，是恒星。"显然，主持人提供的是标准答案，但问题恐怕就在这标准答案上面。我猜想，如果一个三岁的小孩对妈妈说："妈妈看，我走，月亮也走。"他这样说会不会受到妈妈的责备呢？孩子的话显然违背了标准答案。当一切都变得标准化，生命就只能依靠某一个标准而活，除此之外就没有意义了。

在我接待的求助者中，有一个女高中生，因为成绩下滑而数次自杀，后被送来接受心理咨询。问及自杀的原因，她回答说："考不上名牌大学，就没有出路，活着就没有价值，就只有死。"这时，我们便能够理解，在强迫症状里，一个人为什么会不断重复某一个行为。因为，那长期形成的某种思维方式或心理习惯，让他赋予某一个观念或行为以绝对的意义。

这种简直要以身相殉的强迫行为也可能以某种极端的
生活方式出现。例如，一个没有考上名校的女子，为了获
得心理上的补偿，非名校毕业生不嫁。一些年来，她拒绝
了许多追求者，最后和一位病入膏肓的名校毕业生结婚。
婚后两个月，丈夫死于肺病。当然，如果出于爱情，另当
别论。

强迫症的根源之一是家庭环境和父母的养育方式。心
理治疗的经验和研究者的调查发现，强迫症患者的家庭环
境及父母与子女的互动关系具有这样一些特点：

在家庭环境方面

（1）过分讲究礼节。

（2）性格孤僻、封闭，缺乏社会交往。

（3）过分讲究清洁。

（4）刻板，僵化，墨守成规。

（5）对社会问题缺乏关注，观点贫乏，绝少参与。

（6）吝啬，爱存钱等。

在父母与子女的互动方面

（1）母子相处时间较长，关系过于亲密，母子关系
里缺乏边界，表现为母亲对孩子过度担心和保护，对孩子
的正常行为又设置过多的限制。

（2）父亲常常不在家，跟孩子的关系过于疏远，不

过问、不参与对孩子的教育，或者相反，过于包办对孩子的教育。

（3）当孩子面对恐惧和困难时，父母会拒绝孩子，不能提供适当的关心和援助，使孩子陷入无助感。

（4）当孩子需要面对社会，需要适当的社会交往时，父母把家变成了安乐窝，让孩子回避社会，等等。

强迫症反映的是个体在生活中受到过度强迫的经验，这种被强迫的经验后来被内化为自我强迫，并以症状的方式表现出来。例如，在学校里，老师常常会用这种方式惩罚孩子：孩子写错一个字，罚他写上十遍，甚至一百遍。他们意识不到，这可能会在孩子的生命经验里播下强迫症的种子。而更多被强迫的经验，来自家庭环境。父母对孩子的抚养方式，简直成了强迫症的温床。父母强迫孩子的方式多种多样，而对自己的行为却习焉不察：

（1）学习强迫。父母看不得孩子玩耍，要求孩子每时每刻都用在学习上面。

（2）观念强迫。父母反复强调某一个观念的重要性或可怕性，给孩子造成强迫。例如，父母对孩子说："如果你考不上大学，一生就完了。"再如，有一个母亲是医生，自己有洁癖，她把细菌描述得极其可怕，这给孩子埋下了强迫症的种子。

（3）完美强迫。父母要求孩子集中所有的优点，孩子身上有一个缺点，或者犯了一个错误，就会遭受谴责。

（4）意愿强迫。父母把自己的意愿当成孩子的意愿，完全不听孩子自己有什么想法和愿望，把自己认为好的东西都强加给孩子，而不管孩子自己是不是觉得好，这样做给孩子造成了压抑。

（5）经验强迫。父母把自己的经验当成孩子的经验，包括把自己的挫伤经验和偏见灌输给孩子。

（6）情绪强迫。父母把自己的不良情绪转嫁到孩子身上，给孩子造成心理上的伤害。这种不良情绪往往来自不良的婚姻关系或自己的个性问题。

（7）意志强迫。父母对孩子没有信心，没有耐心，在孩子遭遇挫折时不予支持，反而加以指责和贬损，这会给孩子的意志造成损害。

（8）认知强迫。父母总是指责孩子幼稚，觉得自己"百分之百正确"，永远对孩子讲道理，使孩子受到压抑，发展不出自己的主见。

（9）精神强迫。精神强迫的方式有多种，最常见的如父母对孩子唠叨不休，抱怨不已，使孩子饱受精神折磨之苦。或者，父母总对孩子说"做父母的不会害自己的儿女"，从而胁迫孩子妥协，以达到自己的目的。

（10）暴力强迫。父母对孩子进行身体的虐待，而且用"棍棒下面出孝子"来维持这样的虐待行为。暴力强迫也包括精神上的虐待，被称为冷暴力。

强迫症的病因还有个性基础。强迫性障碍的个性特征包括，谨小慎微、一丝不苟、完美主义、优柔寡断、敏感多疑等。强迫症患者的内心有很强的欲求，这种欲求来自过去受到太多的压抑，正当的愿望不得实现，而在内部累积成一种强大的盲力，使他不顾一切地追求完美。追求卓越的人会尽力而为，但也接受结果，而强迫症患者只接受完美，不接受完美之外的任何结果。

强迫症还有一个现实根源，就是我们生活的社会环境。我们看到，现代社会的生存危机加剧了人内心的不安全感，这种不安全感里又会产生出不同的强迫倾向和行为，这些刺激性的环境因素包括，有限的工作机会，有限的居住、交通、教育、医疗环境等。有时，我走在人海茫茫的大街上，观望着行色匆匆的人们，我在想，他们是从哪里来，要到哪里去。他们在多大程度上了解自己，了解生活中有哪些因素正在影响着自己，甚至控制着自己呢？现代社会多元的价值观，使人们有了多样的选择，但失掉了内部的确定感和安全感，导致许多的生存焦虑。强迫性障碍的一个本质就是内在的不安全感和不确定感。在现代社会里，人际

187

的直接交往正在减少，人的情感联系在淡化，许多人陷入孤立的状态，感情需求得不到满足，而心理疾病往往反映的就是人的情感需求得不到满足的状态。强迫症的本质是寻求绝对的安全与保障，要确定哪怕一个无关紧要的细节，因为它赋予了这个细节以极端的意义，让患者投身于这种强迫性的无意义行为之中。

最后，讲一点对强迫状的态度。对于强迫症，我们不要太害怕，以至于谈虎色变。这里有几点提醒：

第一，每个人身上都存在一定程度的强迫倾向，如果把它用在正当的范围，强迫就成了动力。在人类活动的不同领域，有一些人做出卓越的成就，他们身上就有这种正向使用的强迫力量。因此，强迫症的治疗可以使用转移的方法，使当事人把自身长期使用却不产生价值的行为，变成一种创造价值的行为。

第二，当一个人出现某种强迫性的念头或行为时，如果不予注意，它会随着生活的变化，而自行消散。问题在于，一个人出现了某种强迫性的念头和行为，就会盯着不放，就会担心不已，就会去拼命控制和压制，急欲除之而后快，结果把这种可能会自行消散的念头或行为发展成为症状。因此，在强迫症的治疗中，可以采用忽略的方法。强迫症源自一种过于关注的态度，心理治疗就是建立一种不予关注的态度。

我在从事心理治疗之后，才意识到自己过去也存在强迫行为，只是当时并不知道这是强迫症，也就不以为意。后来，我开始从事心理治疗，发现自身的强迫症状已经成了强弩之末，对我无奈了。但有一天，我工作的心理中心发生了一件事。一位工作人员惊慌地来见我，对我说，她患了强迫症。她讲述说，她刚刚看了一本书，上面描述了强迫症的症状表现，看了之后，她跟自己一对照，开始担心起来，原来她有强迫症。过去她过得一直很好，自从看到了这本书，就过不好了。这与她的态度有关。在过去，她不知道是强迫症，因此，虽然有，也无所谓。现在，她知道了强迫症，就开始害怕了。我对她说："你说的这个东西，我也有。"我至今记得她瞪大眼睛望着我的情景，接下来，她从我的态度中得到了医治，其实，也就是恢复了过去的态度。

　　第三，当然，有些人发展出了强迫症，并且持续了很久，又长期陷入其中，不能自拔。虽然如此，也不要相信社会上一种流行的说法，即强迫症是心理疾病中的绝症。所以，选择去接受好的心理治疗，特别是找到在强迫症治疗方面有专业训练和治疗经验的专家，让自己做好准备，去接受系统的，甚至长期的心理治疗，是最好的方法。治疗效果和时间根据当事人的情况而定，没有统一的标准。

重塑成长

我们无法改变过去，但我们总可以在现有的空间里进行拓展，在现有的条件下成长。

我们内在的小孩

四岁的儿子不听警告，执意在自行车后座上玩玩具，玩具掉在地上摔碎了。看他那难过的样子，我安慰说："已经摔碎了，算了吧。"儿子嚷道："不，我不要它摔碎。"我说："但这是不可能的呀，既然它摔碎了，不管你多不情愿，也没有办法让它没摔碎。"儿子不会接受这些"道理"，他不依不饶，反复嚷嚷："不！我就是要它没摔碎！"

每天接待带着各样恐惧前来求助的人，他们或害怕猫，或害怕鬼，或害怕细菌，或害怕雷声，或害怕狗舔过的地方，或害怕陨石落下来把自己砸死了，或害怕不好的词会不吉利，给自己带来噩运，等等。他们坐在我的对面，神情严肃地向我讲述各样恐惧，我必须得弄明白，这些听起来像在吓唬小孩子的恐惧，为什么会让这些智力正常，甚至相当聪明的人如此惶惶不安。

这位求助者26岁，大学毕业，因为害怕"原罪"而辞掉工作，在家无所事事，整天陷入弥漫性的恐惧联想。她来南京接受心理咨询，还有一个特别的难处：因为南京夏季炎热，被喻为"火炉"，这使她联想到火葬场焚烧尸体的火炉，心里颇为惊惶。又因为南京古称"金陵"，而"陵"字又让她想到陵墓，心里更是不安。还有，她本是喜欢音乐的人，后来不敢听音乐了，因为有一天突然想到"安魂曲"，心里开始害怕，想到原来音乐是用于安魂的，只有死人才需要安魂……如果你对她说这些想法是荒唐的，这她也知道。她会问你："为什么我会有这样荒唐的想法？""为什么别人不会有？"

了解了当事人的家庭环境和成长经历之后，我发现其家庭成员的关系模式存在问题。当事人的父母关系一直不好。母亲自幼是孤儿，跟着养父母长大，因为养父母年龄很大，她一直担心他们无力养她，会把她抛弃，因为这种担心，她渐渐养成看别人眼色行事的习惯。结婚之后，母亲立刻就感到后悔，觉得自己嫁错了人，但又无法挽回，只是抱怨自己没有亲生父母教她怎样在婚姻上做出选择。

有了孩子之后，这位母亲对孩子倾注了过多的关爱（潜意识上是补偿自己幼年缺乏被关爱经验的空缺），这使当事人对她变得相当依赖，甚至母女俩结成同盟，一致对抗父亲。父亲因为受到排斥，对母女俩一直采用粗暴的态度和方式。当事人出现心理困难之后，父亲对她使用暴力，强制把她送进精神病院，这给当事人造成极深的刺激。她反复讲述父亲在她的房间里留下的暴力痕迹——墙上有他巴掌的印迹，门背后是他放皮带的地方，床上的枕头曾被用来捂她的嘴……她觉得这个家整个都被暴力污染了。

　　每次面谈的开头部分，当事人都会向我讲述各种各样虚幻的恐惧，在她十分认真的样子背后，我看到的是一个担惊受怕的小孩。在后来的讲述中，她的理性浮现，甚至她的聪明之处也慢慢流淌出来，当事人开始变得真实，能把事情讲得很清晰，还能分析问题的本质所在。我们渐渐进入深度互动。面谈是一个短短的过程，但我感受到她在其中长大，谈着谈着，她就不再是一个小孩子了，她生命内部那些被压抑的资源涌现出来，这时我看到的是一个受过大学教育、颇有文学修养、有过成功工作经验、内心世界很丰富的年轻女性。在面谈的后来部分，她开始对自己有了信心，对生活的看法也变得清晰起来，甚至她会对自己说："我知道该怎么做了。"最近的这次面谈结束之后，她做出了一个相当成熟的决定：来南京找一个工作，以便接受持续性的心理治疗。

然而，当当事人回到家里，她的母亲便开始用各样的"理由"阻碍她来南京。例如，说南京是苏中城市，不如苏南城市好；说南京是火炉，热得可怕；说心理辅导可能是拿她做试验；说现在世道多乱，一个女孩子出门在外太危险，等等。

这使我产生这样的猜测：在当事人的成长过程中，她的母亲就是这样用各种消极的理由来熄灭孩子内部"动机的火花"，使她一个个愿望升起又落下，不能真正尝试做成一件事，无法获得做事的兴趣和价值，以致后来陷入症状性的恐惧联想和抑郁状态。当事人再一次来南京跟我面谈时，谈话之间她似乎又恢复到往日对生活的惶惑、对自己的不确定，以及对各样事物之间象征关系的不祥联想。

我们这样理解，人性有两个基本倾向：一是追求舒适的逃避倾向，一是渴望成长的直面倾向。在一个人的成长环境中，总有各种文化因素对其内部的这两个基本倾向发生作用，或助长其逃避本能，或促进其成长需求。考察前述当事人的家庭环境，我们发现，父亲的粗暴给她带来了过多的威胁，而母亲的过度保护又造成她的心理依赖。这个家，既是当事人因为恐惧而试图逃离的地方，又是她出于依赖而用来逃避精神成长的舒适区。从小到大，父母都把她当小孩子，使她有空间不去长大；现在父母又把她当作"病人"，她更有理由不去面对和承担成长的困难。而且，那位能干的母亲还为她申请到一项特殊的国家福利保险，使当事人一生可以不工作，却能享受相当的工资和医保。我们看到，这位母亲简直在为孩子创造一个文化意义上的"母腹"，使女儿与她维持着一种共生体关系，不能在精神成长上实现与母体的分离，从而长成自己。这位母亲可能意识不到这些，她确信自己所做的一切都是为了女儿好，都是出于"爱"，但这样的"爱"所创造的条件不能让生命长大。

我们又看到，当事人内部有成长的渴望，它如此强烈，即使走出舒适区是如此困难，她依然坚持寻求心理咨询。我们认为，她内心里要求成为自己的渴望是她行为背后的深层动因，这一点是最重要的，虽然她自己可能都没有意识到，但她在这样做，这就有希望。辅导的空间就是从这里开始拓展的。当事人走到了"直面"，"直面"所能做的就是激发她内部的成长渴望，支持她在现实里朝前移动，虽然每一步都很艰难，但我们相信她可以努力做到，并鼓励她努力做到。生命存在的目的是成长，辅导的最终目标是促进生命成长。

我常常会讲到这个故事。儿子四岁那年的某一天，我

给他买了一个玩具。我骑自行车带他回家，他迫不及待地
坐在自行车后座上玩耍起来。我说："你回家再玩，别把
玩具掉在地上摔坏了。"他不听警告，仍旧玩下去。后来
玩具就真的掉在地上，摔碎了。我们停下来，儿子拾起摔
碎的玩具，看他那难过的样子，我安慰说："已经摔碎了，
算了吧。"儿子嚷道："不，我不要它摔碎。"我说："但
是它已经摔碎了。"儿子大声抗议："不，我就是要它没
摔碎。"我说："但这是不可能的呀，既然它摔碎了，不
管你多不情愿，也没有办法让它没摔碎。"儿子不会接受
这些"道理"，他不依不饶，反复嚷嚷："我就是要它没
摔碎。"最后我启发他说："你看，它摔碎了，我们怎么办？"
儿子回答说："那我就哇哇大哭。"说完就坐在路边哇哇
大哭起来。

　　按埃利斯的理解，我们自幼就有一种非理性的思考倾
向，拒绝接受不情愿的结果。我们相信心情是由外界因素
注定，自己无能为力。我们以为是某件事情的发生使我们
心情不好，因而，要让我们心情好起来，只有让那件事情
没有发生。如果摔碎的玩具不能按我们的要求那样"没有
摔碎"，我们就坐在地上哇哇大哭。

　　在多年的辅导经验中，我有一个领悟：在许多情况下，
心理症状就是成年人的哇哇大哭。玩具摔坏了，小孩子哭

一阵就站起来跟爸爸回家了，因为爸爸许诺再买一个新的玩具。但对有些成年人来说，某件事情发生了，他们拒绝接受，他们要求这件事情必须没有发生，不然他们就让自己焦虑和抑郁。焦虑半年不行，就焦虑一年，抑郁三年、五年不行，就抑郁八年、十年。症状反映，当事人要求自然规律必须做出改变，为此他们简直是殒身不恤，就是不想去改变一下自己，或者改变一下自己的态度。这就是我们内在的小孩。

我们内在的小孩没有跟我们一起长大。我们长出了成人的身体，受到高等的教育，发展出相当的智力，又学习到某些工作的技能，但内在的小孩还待在我们幼年的创伤里，躲在过多被威胁或过度受保护的经验里。这个小孩内心充满恐惧，眼光流露不安，对事物的理解渗透了非理性的因素，对人与事做出的反应是逃避的和自我防御的。

这个小孩的行为动机是寻求舒适与安慰，他的行动倾向是逃回到过去，甚至退行到母腹里。他不让我们面对现实（因为没有绝对保障），他阻碍我们成为自己（因为不够完美），他拒不接受事情的后果（因为不合心意），他要求成为关注的中心（最好变成上帝，有天使环绕着唱赞美诗）。受到极深的不安全感的控制，他用儿童的奇幻思维把我们的生活变成了一个恐怖的世界，用象征的方式在事物之间建立一种神秘莫测的恐惧关联。

一位在现实生活中充满困扰的求助者，某一天听到他内在的小孩对他说话："你摸一下地，一切都会好起来；如果你不摸地，会一直倒霉。"这在后来发展成一种强迫仪式。另一位求助者在人际交往中有恐惧心理，表现为不大敢正视别人的眼睛，但他又不愿意接受这一点，他内在的小孩就用奇幻思维对之做出了解释——"我看别人一眼，会给别人带来霉运。"此后他就把这发展成眼神接触恐惧的症状理由。

还有一个高中生，因为面对高考的压力，他内在的小孩要求他在房间里不停地跳起碰天花板，设置的条件是：如果连续三次能碰到，高考就能通过；如果连续三次碰不到，高考就通不过，一切努力就白费了。

我们总能在当事人的内部看到一个惊慌失措的小孩，他用吉凶观念干预着当事人的解释和反应系统，使当事人发展出看起来像是游戏的症状行为，游戏的目的在于消除生活中的一切不确定因素，使生命得到绝对的安全保障。因为这是一个无法实现的目标，所以当事人反而受到各类孩子气的虚幻恐惧的惊扰。

我们曾遇到一位这样的求助者，他的内在小孩让他总是体谅别人，忽略自己的需求，他随时小心翼翼，总是彬彬有礼，永远都不生气，遭人误解甚至受到伤害的时候，他总对自己说，我很快就忘掉了。他的一举一动总担心会惹人不愉快，他很乖顺，有一些朋友，但在人际关系里如履薄冰，不敢进入关系的深处，害怕遇到不测，甚至，在生活中也总是停留在表面。他说自己是一路跟在别人后面长大的，觉得自己在这个世界上"像一只无头苍蝇"，不知道自己的需求，或者知道也不敢坚持。后来他就飘离了现实，去关注关于世界起源的问题，产生了许多虚幻的恐惧。

在接受心理咨询的过程中，他向我表达了这样的意思："到这里来跟你谈话的时候，我感觉到世界是亲切平和、顺其自然、真实可靠的，在这种环境下，我心里不会紧张，不会害怕，世界就是这么简单、这么好掌握，我获得了安全感。但是，当我独自面对的时候，许多因素在我的心理产生了很大的作用，世界开始变得神秘莫测，我又开始编造一些情节来吓唬自己。"

后来，我们在辅导过程中朝深处走去，他渐渐明白，他真正害怕的不是那些虚幻的情节，而是害怕不能长成自己。我们的辅导就是促成当事人长大，从深处长大，从内在的小孩那里长大。

在"直面"举办的一次心理辅导培训中，来自美国的杜艾文（Alvin Dueck）教授和他的学生张屏华演示了一个案例辅导的过程，给我留下深刻的印象。那是一个促成当事人内在的小孩长大的辅导过程。辅导者走进当事人的过去，走进当事人的文化，走进当事人的创伤经验，走进当事人的生命深处，去带领躲藏在那里的一个受伤小孩一点点长大。辅导者跟那个受伤的内在小孩一起经历创伤，重新解释她的经验，支持她进入关系中去，鼓励她表达情感和想法，启示她去理解关系中他者的经验与感受，推动她去面对、去改变、去承受、去接受，真实而有勇气……辅导者在进行这一切的时候，还不断提醒那个内在的小孩——告诉我，当你能够这样做的时候，你多大了？就这样，当事人被引导着，有意识地从深处长大，一步一步长大。

我们在害怕什么？不是鬼，不是雷，不是陨石，不是不吉利的词。我们害怕不能真正长成自己。我们要改变什么？不是跟着虚幻的恐惧去捕风捉影，而是走到生命的深处，让内在的小孩长大。

我们内心的无奈

一只狗被放进一个装置里，所到之处都会受到电击，狗感到很痛苦，就在装置里四处寻求出口，想从里面逃出去，但是，这个装置没有设置出口……实验的第二个阶段：同一只狗再一次被放进一个装置里，它面对的是同样的情况：所到之处都会受到电击。不同的是，这个装置设置了出口，如果狗在里面寻找，它就会找到出口，从而逃出去。

我有时会给求助者讲这个关于狗的故事，这是一位叫塞利格曼（Martin Seligman）的心理学家做的一个实验，这个实验相当复杂，通常我只用最简单的方式来说如上的一部分。

故事讲到这里，我会停下来问求助者："这时，狗会做出怎样的反应？"

求助者一般会回答："不再做出任何努力了。"

是的，这个实验的结果证明：狗在第二个装置里，虽然受到电击，它只是躺在地上哀鸣，不再尝试寻找出口。

我接下来会问："为什么会这样？"

求助者回答："因为在第一个装置里，狗发现没有出口。到了第二个装置，它以为也是没有出口的。"

这个动物实验证明，狗是从前面的经验得出一个结论：没有出口，因此，它就不再做任何尝试了。人身上也有这样的情况，人从自己的经验里学习的那些负面经验会使他们发展出一种负面的信念，并且由此采取负面的行为反应，这个行为反应，用塞利格曼的话叫"习得性无助"。抑郁症的本质就是这种"习得性无助"累积而成。

但是，我讲到这个实验，目的并不是用来说明人像动物一样受制于环境与经验，而是说，人虽然会受到环境和经验的影响，但他可以提升自己的认知和觉察，让自己超越环境与经验的局限，不断去尝试，发现新的可能性。然而，在另一次面谈中，我给一个17岁的女孩讲了这个实验，并且问她狗在第二个装置里会做出怎样的反应时，她的回答却出乎我的意料。

当事人：狗会去寻找出口，如果换了人，就不会去找了……

咨询师（试图启发她）：怎么会这样呢？狗是动物，它按照本能的规定性做出反应，但人却可以超越环境和经验的限制，因为人高于动物。

当事人（漠然地说）：不，动物高于我。

提到这个实验，我想起自己年少之时，心里有梦想、有热情、有不甘，相信在这个世界上，我总可以做点什么，会改变点什么。但我爷爷却对我说："你见多了，就知道没用的。"现在，我明白了，爷爷的这句话，原来是对"习得性无助"的注解，爷爷从他过往的许多失败经验里习得了"没有用的"。爷爷老了，待在他的"无助"里，也就罢了。但在心理咨询里，我面对着这个女孩，面对一些像她一样年轻的人，他们小小的年龄，却成了苍老的少年，跟我谈话，话语与神情满是无奈，如同我的爷爷。

在面谈室里，这个女孩，以她 17 岁的年龄，跟我讲述"活着没意思"的各种无奈。

当事人：我觉得很没意思，所有的东西都没意思。我以前也接受过一点心理咨询，没有用的。我脑子里全是些死与不死的问题，纠缠不清。我的怪癖也越来越多，我喜欢偷东西，因为我觉得大多数人都欠我的，我对人有敌意。我自虐，伤害自己到见血，反而感到愉快，我对自己的身体有穿孔迷恋。我认识了很多人，但最后没有一个人是我的朋友，因为他们跟我料想的差了很多。现在我17岁了，明白了一个道理：你对别人好，别人不一定会对你好。

咨询师：如果让你在17岁时做一个决定，下面的生活你会朝哪里走？

当事人：很长时间以来，我都觉得能怎样就怎样吧。实在过不下去了，就去死，反正也是无所谓的，我从来都没有想为生存做些什么。我不理解那些人，穷困潦倒到那样的地步，还要活下去，而我感到无力、无奈。我也曾想过做一件什么事，但事先都要想半天，还要去做，从想到做这个过程太艰难了，最后，事情都无法开头就放弃了，甚至呼吸对我来说都是困难的。

我接着去了解当事人的成长经验，试图弄明白她经历了一个怎样的成长过程，发生了什么样的情况，让她在这样的年龄就变得如此苍老和无奈。据她的讲述，她的成长过程中充满被打骂、压迫、限制，以及内心里没完没了的仇恨，而这些，都是针对她的母亲而言。这是一个天资聪明的孩子，父母自幼对她就有很高的期望，母亲对她更是要求严格，导致她过度压抑与顺从，后来就发展出极端的叛逆。

这个家庭的关系模式是：夫妻关系不好，在孩子教育的观念和方式上极端不一致，导致女儿与父亲结盟，对抗母亲，排斥母亲。在当事人的印象里，母亲刻板、冷漠，是一个顽固的堡垒。这种堡垒型个性的父母（父或母），会在他们的孩子内心里种下抑郁的种子，也就是一种从内到外的无奈感，使他们在后来的生活中，不管做什么都觉得没有意义。

当事人（继续说）：她（母亲）到现在都不知道，她给我造成了多大的伤害。从小到大，我没有吃多少物质的苦，但我吃的都是精神的苦，有时候我觉得我跟爸爸很像，他之所以如此无奈，是因为他有一个自私的、"丧尽天良"的父亲。我和爸爸都是爱伦·坡所说的那种"被伤耗的人"。

在直面的治疗实践里，我们发现许多这样"被伤耗的人"——他们扛着过去的创伤，把自己封闭起来，拒绝新的经验，看不到生活中的可能性，以为一切都被过去注定了，采取放弃的态度，不再做任何尝试或努力。而这种无助或无奈，是从自己的经验里习得的。是的，人生活在环境里，过去的经验是有影响的，甚至这一影响是非常大的，每一位心理咨询师对此都非常了解而且充满同理。但心理咨询有一个基本信念：过去的经验不是注定的，人在任何条件下都可以做出选择。

在《狂人日记》里，鲁迅用象征手法揭露封建历史中礼教吃人的本质。其中，狂人对大哥说，"吃人的事"要改一改，不能再这样下去了。大哥无奈，回答说："历来如此……"狂人不信，坚持说："历来如此，便对么？"在我看来，这话才是响彻天空的黄钟大吕："历来如此，便对么？"因此，当那个17岁的女孩对我说"我天生就是这样的，八万年前就注定了"，我却问她："难道做一点努力都不可以？"

"无奈"是一条精神的逃路。一个人用"无奈"的眼光去看待生活的困难，去解释自己的问题，他就为自己找到了一个逃避的理由，就不用去做点什么了。因为要做点什么，要改变点什么，总是要费力的，要冒风险的，要承担责任的，也是让人不舒服的。而让自己甘于"无奈"，摇摇头，就可以从有困难和问题的地方走开了。

普遍的情况是，生活中有许多问题，人们看到了，谈起来也愤愤不平，一旦涉及去做点什么，以便有所改变，许多人又会叹息一声，说"没有办法"，说"所有人都是这样的"。直面的治疗，就是促使当事人面对这种无奈感，放弃这种注定感，从内心建立新的态度，走到困难与问题中去，在现有的条件下采取行动，让改变一点一点发生。

"无奈"的背后是过度的不安全感。一个人沿着"无奈"的路，逃入群体中去，让自己相信，"所有人都是这样""历来就是这样"，他以为这样一来自己就安全了。但是，这个群体是由许多恐慌的个体组成的，每个个体都把自己的恐惧带到这里，这个群体也就聚集了大量的不安全感，这种聚集起来的不安全感会酿造出巨大的社会灾难。

在直面的治疗经验中，我们发现，极端短视的功利教育正在强迫孩子，破坏他们的心理和人格成长。探索这种现象背后的社会文化因素，发现教育者把潜意识的恐惧与担忧投射到孩子身上，在孩子教育上表现为极端的急功近利的强迫倾向。我们不是在教育孩子，而是在强迫孩子；不是要帮助孩子成长，而是在强逼孩子"成功"。每个人都看到正在发生的这一切，谈起来的时候，大家说这样不好，但一涉及要做点什么，要改变一点什么，大家都说"没有办法"，都说"所有人都这样"，而且说，"既然所有人都这样，我一个人不这样，我的孩子就要吃亏了"。

"无奈"的背后有"偷懒""取巧""占便宜"的想法，太想走捷径，太想一下子改变一切，太想"事半功倍""事一功万""一劳永逸""高枕无忧"。因为不可得，因而无奈。"无奈"一方面让人在现实里变得无所作为，另一方面又引诱人去营造各样的空中楼阁，追求某种魔术般的力量，采用某种极端的方式，把一切一下子改变。这就是导致骗子猖狂无忌、骗术大行其道的心理动因。骗术多种多样，本质却不外乎一点：声称某一种方法可以解决一切问题。于是，人们蜂拥而至。南京市曾发生一件"怪事"：普通的梅子几元钱一袋无人问津，改头换面贴上标签说是减肥的秘方，价格飙升数百元，人们疯狂抢购。说怪也不怪，不是骗子高明，而是人们甘愿被骗。

"无奈"是一条虚幻的路，它让人把问题归咎于过去或他人，让自己心安理得地逃避改变。它的方式多种多样：

其一，"假设事情没有发生"，其表达如："若没有发生那样的事，我就不会有这样的麻烦了。"这样一来，一个人就不用承担自己的责任，不用在生活中去做自己本来当做的事情了。

其二，"假设自己不是自己"，其表达如："如果我是天才，这一切的麻烦就都没有了。"沿着这条路走下去，一个人会失掉真实的自我，寻求虚幻的角色进行自我安慰，最后陷入虚幻的精神状态中去。

其三，"假设自己并不存在"，从而回避现实中的困难。有一个人这样表达："假如我坐时光机器回到遥远的过去，杀死我祖母的祖母的祖母，就不会有现在的我了，也就可以免去这一切的麻烦了。"但是，每个人都是在现有的条件下成长，虽然生活有这样的局限和艰难，他都可以尽力长成自己。如果一个人在"假设"的条件下生活，他就待在空想里，试图取消成长的过程，省略成长的麻烦，这其实是在逃避成长。

在直面的经验里，我听到求助者说许多无奈的话，也看到这些无奈的话像蚕吐出来的丝，一层一层把他们包裹起来——他们躲在里面，我站在外面。他们在里面变得无奈，我在外面不断呼唤。很长时间过去了，我没有听到从里面传来的回应，那一层一层的无奈把他们包裹在深处，我继续呼唤。终于有一天，回应从里面传出来了，声音微弱，我却听到了，那声音穿过一层一层"无奈"，透出希望的微光。我还看到，他们沿着内心的成长渴望，在朝外面移动，一步一步。我终于明白，我之所以选择心理咨询，也就是因为在我的心里有那么一分不甘——我不相信人被过去的经验所注定，反而深信，人在任何条件下都可以做一点努力，都可以有一点改变。在我们生活的这个世界上，没有真正的无奈者，只要我们对人有足够的信心和耐心。

我们内心的恐惧

　　这位求助者在一家工厂上班，不久前被提升为班长，负责一个大型锅炉的运行与检修。但他总是担心锅炉会发生爆炸，因此不断查看机器，生怕漏掉任何一个隐患，每天都在担惊受怕中度过，把自己弄得痛苦不堪。当事人说："最近我把班长辞掉了，觉得好多了，踏实多了。"

　　考察心理痛苦的根源，有人说是因事而起，有人说是因人对事情的看法而起。在直面的考察里，还有一个更深的根源，就是我们内心的不安全感。一个人在成长的过程中，经历各样的威胁，给他造成恐惧，这种恐惧被压抑到内心，在那里形成一个意识不到的恐惧源。当这个恐惧源达到一定的存量，就会上升到生活的层面，在那里寻找任何一个"事件"或"环境"作为燃点，再利用"思想"对之进行灾难化的加工，制造出各样痛苦或焦虑。

症状往往是一个人对痛苦或焦虑的应付行为，它的本质是逃避。有合理的逃避，也有症状的逃避。合理的逃避是逃避威胁，奔向安全；症状的逃避则反映一个人受到过度不安全感的驱动，不知道害怕什么，也不知道在逃避什么，其行为表面上看是在逃往安全之所，其实是在奔向危险之地。

在本文开篇提到的当事人，虽然以为辞掉了班长就解决了问题，但其实事情不会那么简单，在他应付行为的背后，还有一个更深的恐惧源。如果当事人对此没有觉察，也未作处理，他的症状恐惧就会不断花样翻新，他也只能是一路奔逃，逃离一个锅炉房，又会遭遇一个机器间。

考察当事人的成长经历，我看到那里有许多恐惧的经验，它们如同涓涓细流，注入他的内心，在那里形成了一个不安全感的源流。

当事人出生在一个家境贫寒而少言寡语的家庭，他是家中幼子，父母对他宠爱有加，保护过度，因而自幼胆小怕事，对家人有严重依赖。当事人讲到他幼年的某个深夜，他听到有贼进家偷东西的声音，吓得缩进被窝瑟瑟发抖。自此听到人说"贼"字，都会惶惶不安。初中毕业，他读了中专，母亲在他就读的学校附近搭棚而居，拾荒为生。每次他从学校到母亲的窝棚，都担心被同学看见，面对拾荒供他读书的妈妈，他既感到羞辱，又觉得内疚。中专毕业之后，他受同学诱骗到广州加入传销，又在那里经受了"被关进监狱一样"的恐惧。从广州逃回来，又遭遇了一次恋爱的挫折。在另一家工厂，他还经历了一次"想找个地缝钻下去"的屈辱……

随着当事人的讲述，我看到这些原生的恐惧经验几乎原封不动地堆放在他的记忆里，他内心里的恐惧源存量丰盈，随时都会借助现实中的某件事情、某个情境，把他带入虚幻的症状恐惧之中。锅炉房不过是从那里衍生出来的恐惧情境之一。当事人辞掉班长，不再负责锅炉房，也只能应付一时。只要存在内心的恐惧源，他就在无意识中在劫难逃。在衍生恐惧与原型恐惧之间似乎没有一个明确的、对应的关联，但总有一些似曾相识的迹象依稀可辨。例如，从当事人对陌生环境的过度恐惧，可以追溯到那个害怕走出家门的少年。他在锅炉房里不断检查机器，要排除任何隐患，这种行为与那天晚上贼进家门是否存在某种联系呢？当事人时时担心发生不测，让我看到几年前他走向妈妈的窝棚时内心的惶惶不安。当事人虽然已经长大成人，但他的内心里还保留着童年世界的原初恐惧，而这些恐惧以不同的形式表现出来，其本质依然是孩子般的恐惧。

通过对这个案例的直面分析，我们可以看到内心的恐惧源会采用怎样的运作机制，制造出各样的症状行为。

安全保障机制

当事人的基本焦虑是担心锅炉发生爆炸，产生万劫不复的可怕后果，对此，他采用的应付行为是不断检查机器，以保证它不出任何差错。这是安全保障机制在起作用，它的目标是要求生活环境具有绝对的安全保障。

每个人都有安全需求，但安全需求有现实与虚幻之分。在当事人那里，他在成长过程中经历了过多的恐惧，这些恐惧又未经处理，也没有得到其他经验的中和，都被压抑到内部，累积成一个巨大的恐惧源，在这个恐惧源里，产生了虚幻的、极度的安全需求，要求以非理性的、盲目的、贪得无厌的、不顾一切的方式得到满足，但不管当事人怎样努力，都不能让自己获得安全保障。他不断检查机器，依然惶恐不安，依然担心出现疏漏，会引发爆炸，把整个工厂夷为平地。

完美苛求机制

完美机制的驱动力也是源于内心的不安全感，它的运作方式表现为当事人强求自己完美，或相信凡事都只有一个原因，也只有一种完美的解决方法。当事人前来寻求咨询，把自己不断检查机器解释为"自信不足"，他认为，唯一的解决办法就是让自己"完全自信"。一些年来，当事人阅读伟人传记，抄录成功名言，想让自己变得百分之百自信。在这种努力的过程中，只要出现一点不自信，他就觉得自己一塌糊涂。这样，他本来是在追求自信，却不断自贬，反而变得越来越不自信了。苛求完美的人不真实，真实的人不苛求完美，因为没有人是完美的，也没有人有百分之百的自信。当事人强求自己"像神一样"，拒不接受自身的有限，反而生活在恐惧的症状里。

比较机制

人的生活是相对的，不可能没有比较。但是，当一个人受到内在恐惧源的驱使，而对之又无所觉察，他会陷入比较的状态，甚至没有比较，简直就不能存在。事实上，建立在比较上的生活，不是自主的生活。比较本身就是一种依赖，是凭借条件而生活。一个人用各样的条件比来比去，最后会越来越丧失自信，越来越失掉自主。他会因为获得某个条件而享受快意，但立刻又会因为失掉某个条件而被抛入失意中。过度生活在比较里的人，会越来越不安全、越来越依赖、越来越焦虑、越来越失掉自我。出于内心里极度的不安全感，当事人过度使用比较机制，这给他的生活造成了影响。在咨询中,他有这样的反省:从小到大,我的欲求太强,总喜欢跟人比较,凡事争强好胜,因为家里太穷,比不过人家,就担心被人看不起,因为自己太弱,就强求自己要拥有一切,要让每一个人都羡慕我,结果觉得别人什么都好,自己什么都不好。

人生观机制

在各样的焦虑背后,总会有一个人生观问题,虽然它时隐时现。同样是受到内在的非理性恐惧的激发,当事人向生活提出了这样的要求:"什么事情都好,就像水一样清,一点烦恼都没有。"这便是他的人生观,也是他痛苦的一个根源。当事人带着这样的人生观,会把生活中合理的艰难和痛苦,都当成是"不正常的""不应该存在的"。因此,他感到失望:"我在生活中看不到一个幸福的人。"他无法接受:"为什么生活中要有痛苦呢?"

然而,有另一种真实的、成熟的人生观,它的根本点在于,艰难与痛苦是生活中的组成部分,没有艰难和痛苦的生活,反而不是完全的生活。抱有这种人生观的人,对生活已经做好了准备,能够去经历艰难与痛苦,并且利用它们创造幸福与价值。而坚持认为生活必须是快乐的人,对生活没有做好准备,只能生活在自己设想的幸福条件和安全程序里,生活中的任何变故和艰苦,都会粉碎他们内

217

心里幸福的泡影。他们试图躲避生活中的困难，免除任何的痛苦，结果反而让自己陷入症状的痛苦，既痛苦而又没有意义。

智商至上机制

人类其实是解释的动物，凡事都要给自己一个解释。当事人感到恐惧，过得痛苦，他会向生活不断发问："为什么？"但细细考察发现，他问"为什么"并不是在寻求一个解释，而是在表达一种情绪——事与愿违时的一种不情愿、不接受的态度。心理困扰时会产生许多"为什么"，困扰至极时会产生"天问"，但这些提问表达的是一种情绪上的抗议，它们根源于当事人内心的非理性恐惧，理性的答案往往不能帮助他们解除困惑。

事实上，当事人在寻求安全保障，他拼命追求知识和技术，要求知道一切。但因为他在情绪上还是一个受宠爱、被保护的孩童，不管他有多少知识和技术的装备，当困难发生的时候，他依然惊慌失措。当事人的师傅对他有一个观察："你呀，不出事的时候，技术一大堆，出事的时候就成了无头苍蝇。"这对我们的教育、文化都是一个提醒，如果我们对内部的恐惧源无所觉察，很容易受到它的操纵，发展出智商至上机制，以为拥有知识就拥有一切，有了学历就有了一切，结果会造成生命成长的偏差。如果我们的情绪能力没有发展起来，智力反而会给我们造成更深的困扰，甚至导致各样的神经症。

"别人怎么说"机制

在咨询过程中，涉及当事人辞掉班长一事，我问："这是你自己做出来的决定，现在你怎么看它？"他说："我有一个朋友对我说，有得必有失。"我问："你能接受生活中有得有失吗？"他说："我跟主任说了，他说，上下关系难处，不当也罢。"我问："你自己怎么想？"他说："我老乡对我说，退一步海阔天空。"心理咨询中经常遇到"别人怎么说"和"自己怎么想"的情况，当咨询师让当事人谈"自己怎么想"的时候，他们表达的总是"别人怎么说"。他们的困难在于，"自己怎么想"太过弱小，被过于强大的"别人怎么说"压在下面，发不出声来，久而久之，就发展出一种"别人怎么说"机制。这种机制产生的是应付或躲避行为，背后的驱动依然是过度的不安全感。

在咨询过程中，咨询师需要帮助当事人处理"别人怎么说"和"自己怎么想"的关系，让当事人意识到，"别人怎么说"和"自己怎么看"不能互相取代。如果一个人只有"自己怎么想"，听不见"别人怎么说"，他会越来越缺乏资源，变得封闭而固执，甚至会发展出偏执的人格障碍。如果一个人只有"别人怎么说"，毫不在意"自己怎么想"，他会变成一个依赖于他人而活的人，以致发展出心理障碍来。二者的合理关系应是：以"自己怎么想"为主导，以"别人怎么说"为参考。一个建立了"自己怎么想"的个体是自主的，他能够做出判断，能够决定自己的生活，又能合理对待"别人怎么说"。

每个人的内心都有恐惧，这种恐惧会不同程度地影响我们的生活。当我们对这个内在的恐惧源有所意识，了解它的形成原因和运作机制，并且有意识地采用理性的、整合的、学习的、成长的方式对之做出回应，我们就在直面，而非逃避，我们就会在情绪、思想、行为上远离它的控制，就会从深处长大。

成长的空间

由于他在幼年时期身体不好，母亲对他就有特别的照顾和保护。后来，当事人患了抑郁症，母亲就更有理由对他照顾得如同幼儿。现在，当事人已经 35 岁，母亲给他提供的却是五六岁孩子的成长空间，使他越来越习惯于待在抑郁状态里。

在直面的经验里，发现最多和感受最深的是，生命成长的空间如此促狭，以致滋生各样的症状，而症状的本质就是"空间促狭"。这个促狭的空间就像幽深的心理洞穴，一个人在里面躲避久了，就渐渐不能适应生活中充足的阳光和丰盈的空气。

有一部电影叫《孔雀》，我最深的感触是在那样一个时代背景里，在那样一个家庭环境里，空间如此狭小与局促，给孩子的心理成长造成了极深的伤害、扭曲和变异。

在直面的治疗实践中，我们发现同样的情况：有许多这样的父母，他们的生命本身就像那促狭而幽暗的屋子，里面堆满了强迫的情绪、苦毒的经验、褊狭的观念、顽固的性格、阴森森的沉默。在许多这样的家庭，其中没有人与人的沟通，只有控制，人被隔绝开来，各自孤守一隅，彼此没有支持，没有愉悦，没有理解，没有欣赏，没有鼓励；有许多这样的孩子，他们无法享受来自父母的自然关爱，他们的精神渴望宽阔的成长空间，却不得已蜷曲于现实的狭处，长期得不到舒展和成长，反而承受着窒闷，发生着变异。在这样的促狭空间里，似乎也有爱，但那爱是何等的偏执与盲目，又是在用何等扭曲的方式表达出来，以致造成了何等深刻的伤害和痛苦。

生命成长需要适宜的空间作为条件。最初，母腹是为胎儿成长提供的"空间"，胎儿长大了，就要进入一个更大的空间。一个人降生为婴儿，渐渐长成幼儿、少年、青年，其后的每个生命阶段，都需要有适宜的成长空间。适宜的空间是生命健康成长的条件，不适宜的空间或抑制生命成长，或刺激生命疯长，这本身就构成了症状生长的温床。成长是一生的事，它在生理、智力、道德、心理、精神、社会适应等各个层面上发生，一个人经历从小空间到大空间的过程，就是成长，我们称之为"从小到大"。

教育与症状

不利的教育方式会为孩子提供怎样的成长空间呢？在直面的面谈室里，我们经常看到生命向我们反映的两种极端情况。

第一，不利的教育方式会对孩子的智力进行急功近利的过度开发，用知识填塞孩子的生命空间，抑制和阻碍孩子的自发性、创造力、想象力。标准答案局限了孩子的思维空间，现代科技带来的影视图像在侵占和损害着孩子的想象空间，整齐划一的要求吞噬着孩子的自主空间。我想到马克思曾经用比喻说：你们并不要求玫瑰花散发出和紫罗兰一样的芳香，但你们为什么却要求世界上最丰富的东西——精神只能有一种存在形式呢？有一位中学教师说："许多年来的教学经验给我最深的感受是，每个学生都是独特的，而我们有时却把他们像一堆泥鳅一样装进同一个麻袋里。"是的，教育需要传授知识，但不仅如此。我们的教育者必须建立起这样一个态度：生命的教育比知识的灌输更为重要。

第二，给孩子的心理成长提供的空间过于狭小。直面的辅导经验发现，在现代社会，很多家庭中存在强迫孩子学习、挤压孩子成长的现象。在许多父母那里，只要孩子成绩好就行，生活上孩子力所能及的事被包办代替了。在症状的背后，我们总看到过度的知识灌输和太少的成长经验。但我们相信，在心理成长方面，如果没有适宜的空间，就会局限孩子的成长，导致孩子出现逃避成长的倾向，直到发展出各种各样的症状。

过度保护孩子的父母，就如同为 10 岁的孩子提供 3 岁孩子的成长空间，这便是空间促狭。孩子的精神成长需要有足够的空间，但不利的教育侵占了孩子的成长环境，使空间变得越来越狭小和封闭。强制性的教育通过不同的形式在压缩孩子的成长空间，包括上一代人把自身的不安全感传递给下一代人，导致的结果便是容易出现强迫症和抑郁症。

不需要用太过严格的病理术语来描述，我们可以这样理解——强迫症是从狭小的成长空间里长出来的。它反映出一个人因为受到过度的强求，看到无意义又无法接受无意义，但又不是在真实的生活领域追求意义，而是在无价值的事情上耗费着精力，进行一场煞费苦心又煞有介事的战斗或挣扎，甚至明知如此，又无法自拔地陷入二力对等的冲突，无法做出选择。

而抑郁症则显示，一个人在狭小的生活环境里受到过多的压抑，以致在进行强迫性质的挣扎之后，他体验到无价值，接受了无意义，因而放弃，不再做任何努力，丧失了自主的空间。

还有一种精神症状叫妄想症，考察它发生的根源，我们也发现，当一个人的现实空间过于狭小，如此干涩，以致他根本看不到生活中存在的任何可能性，但他内心的渴望又如此强烈，坚决不让他放弃；他在这种冲突里非常绝望和痛苦，最后选择制造一个虚幻的精神空间来取代这个促狭的现实空间。可以说，妄想症是从封闭而无望的现实状态里发展出来的肆意无羁的精神扩张，是一个人选取了虚幻的方式来满足自己濒于窒息的精神饥渴。

抑郁症的本质

我考察一位抑郁者的成长环境与过程，发现这样的情况：他生活在一个空间促狭的家庭里，这种促狭的环境培养了他促狭的性格，进而，症状就从他促狭的性格里长出来了，并且借着现实环境中的各样保护得以维持和发展。由于他在幼年时期身体不好，母亲对他有特别的照顾和保护。后来，当事人患了抑郁症，母亲就更有理由对他照顾得如同幼儿。现在，当事人已经 35 岁，母亲给他提供的却是五六岁孩子的成长空间，使他越来越习惯于待在抑郁状态里。他的抑郁症生活方式是可以整天躺在床上，安然成为一个备受母亲照顾的"胎儿"，可以不管周围发生的一切，可以不出去面对生活的困难，可以不履行任何义务，可以不承担任何责任。

从象征的意义来看，这个床就是当事人心理上的"母腹"，而他躺在床上，就等于是退行到胎儿状态。如果说成长是从小（空间）到大（空间），逃避成长就是放弃大空间，回到小空间，他内心动机的力量就越来越微弱了。

有一天，金利波在直面心理咨询研究所讲孩子心理健康问题，她提到一个词叫"动机的火花"。在孩子成长的过程中，父母需要激发孩子内部的"动机的火花"，而不是压抑它、熄灭它。如果一个人做事的动力是出于内在的乐趣、兴趣、成长的渴望、价值的需求，那么他就会体验更多的幸福、责任和价值。但是，如果一个人长期被强逼做事，那么他做事的动机就从内在转移到外在，就会损害他参与生活的兴趣、欲望或要求，他的动力就会削弱，直到出现症状。

抑郁症的本质是什么？说得简单一点，就是内在的动力丧失，表现为不愿意参与，没有兴趣参与，拒绝参与。拒绝参与的方式有很多，它们构成了"症状"。不同的人选择了不同的拒绝方式，这位当事人的选择是躺在床上，他是在用这种方式表达一种倾向：我不要参与了。从象征的角度来看，床就成了他拒绝和逃避生活困难的躲避之地。遇到烦心事，他就往床上一躺，用被子蒙住头，让自己与外面的环境隔绝，让自己待在这个促狭的空间里。当一个人待在症状里，他就接受了症状对他的欺骗，外面的世界对他来说是不存在的，那里的困难似乎也被屏蔽掉了，他不需要跟人接触，他不相信生活中有什么可能性，他相信的是自己的一切都被注定了。就这样，他的妈妈、他的家人、他过去的文化环境，都合起来为他铺好了床，于是他躺在这张床上，让生命成长的进程停止下来。

有人说，心理症状是当事人对亲密者的攻击或报复，但这种攻击或报复是在无意识的状态中进行的。症状并不像一般人（包括当事人）所认为的那样，是由某一件事导致的，而是从成长的促狭空间里滋生出来的；症状并不像一般人认为的那样，是一种无奈，实际上，它是当事人的一种选择。症状反映的本质是促狭的成长空间变成了狭小的心理空间，在这里，人们发现自己的资源如此贫乏，生活中简直看不到任何可能性，似乎一切都注定了，不可改变了。

但过去不能注定一切，直面的医治正是在这样的条件下发生，不管过去发生了什么事，不管生活的环境曾经怎样促狭，不管成长的条件曾经受到怎样的损坏，改变的空间总会存在。我们无法改变过去，但我们总可以在现有的空间里进行拓展，在现有的条件下成长。活着就是空间，活着就是条件。